JN240615

国内生産をつらぬく老舗メーカー3代目の

強い会社を作る「足元経営」

日本ニット株式会社 代表取締役

里井謙一

アルソス

はじめに

いきなりですが、質問です。あなたは**「日本で最初に靴下をはいた人」**が誰か知っていますか？　その人物は、テレビの時代劇で最も有名な主人公の一人……といえばお分かりでしょうか？

答えは「この紋所が目に入らぬか！」でおなじみの水戸黄門（徳川光圀公）です。このエピソードは日本靴下協会が発行した『THE BOOK OF SOCKS AND STOCKINGS』（荒俣宏著・監修）に掲載されており、実際に水戸黄門がはいたとされる靴下（レプリカ）が株式会社ナイガイ（東京・赤坂）の靴下博物館に展示されています。

読者の皆さま、はじめまして。私は奈良県香芝（かしば）市で靴下を製造・販売している日本ニット株式会社の3代目社長、里井謙一（さといけんいち）と申します。

祖父が靴下作りを始めたのが1940（昭和15）年のこと。それから84年間、靴下を作り続けてきました。おかげで、地元では子どもの頃から「靴下王子」と呼ばれています（笑）。

有名下着メーカーや、高級子ども服メーカーのＯＥＭ商品も手がけているので、読者の皆さんも知らないうちに当社の製品を使ってくださっているかもしれません。

さて、そんな当社の自慢は、ずっと**「国内生産を貫いてきた」こと**です。奈良県の自社工場で、商品企画から製品完成まですべて社員が「誇り」と「責任」を持って取り組んでいます。

このように言うと、「えっ！　今どき国内で靴下を作っているの？」「人件費の安い海外で作るのが常識じゃない？」と驚かれる方もいるでしょう。

たしかに、日本靴下工業組合連合会の「靴下需給推移（２０２３年）」というデータによると、国内市場における靴下の「輸入浸透率」は88・５％。つまり、国内で流通している靴下の約９割は海外で生産されたものです。

さらに、靴下作りに関わる国内企業も減少し続けてきました。事実、日本靴下工業組合連合会の会員企業数は、１９９９年には全国で６７７社もあったのに、２０１９年には２３２社と３分の１に減っています。

しかし、当社はそんな時代の中で、1足1000円以上もする靴下を販売して生き残ってきたのです。それを可能にしてくれたのが「国内生産」と「地元密着」へのこだわりでした。

今、多くの企業が後継者不足に悩み、廃業の危機に瀕しています。このような事態に陥っているのは、多くの経営者が自社の将来を悲観し、「次世代に会社を引き継がせても未来はない」と考えているためでしょう。私自身も3代目なので、その気持ちはよく分かります。

しかし、1988（昭和63）年に父が、そして2013（平成25）年に私が社長を引き継ぎながら、当社は堅実に利益を出し続けることができています。それは、何も特別なことをしたわけではありません。自社の「足元」をいつも意識し、見直してきただけです。

会社の代表者となって11年、過去を振り返って断言できます。**会社経営で最も大切なのは「足元を見直す」こと**です。そして、後継者にも「足元経営」の大切さを伝えることができれば、安心して後を任せられます。

日本には、昔から「足」を使った「ことわざ」や「言い回し」が驚くほどたくさんさんあります。おそらく、日本が２０００年以上続く農耕社会であり、あらゆる場面で足が重要だったからでしょう。その結果、生活や文化における教訓や知恵を伝える際の比喩として、「足」が使われてきたのだと思います。

本書では中小企業経営を「足元」というキーワードから解説し、継続的に発展させていくヒントをお伝えしたいと思います。

目次

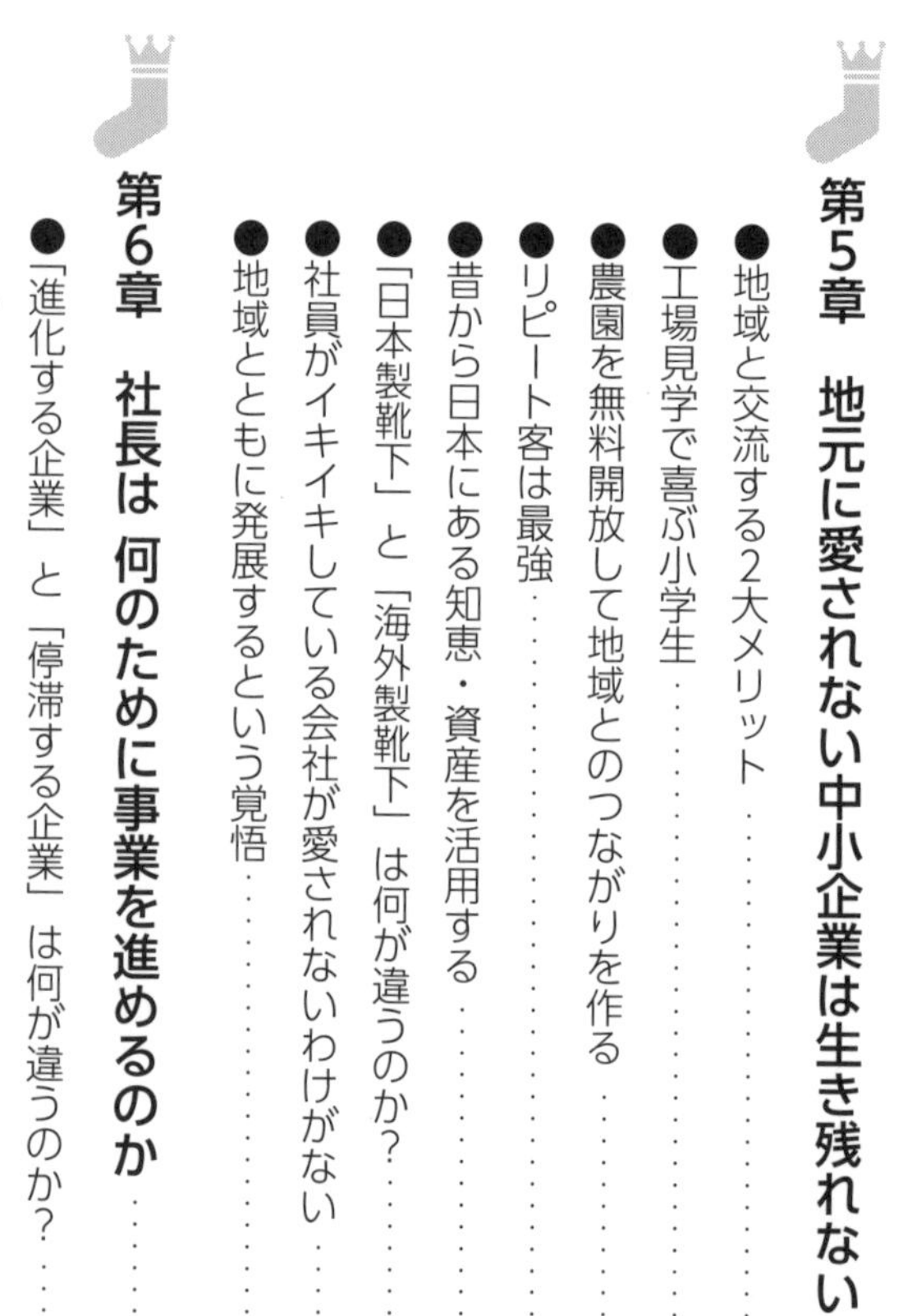

第1章　会社の健康は足元から

●いつの時代も激動の世の中

2020年に日本に上陸した新型コロナウイルス感染症によって、私たちは2年近くも外出を自粛するような期間を過ごしました。会社に通勤せず仕事はリモートワークで行う、当然飲み会などもしない……そんな「外に出ない」『人に会わない」という生活様式の変化によって、多くの産業は大打撃を受けました。

2024年現在、世の中は表面的には元通りになったように見えます。しかし、今回の生活様式の変化に大きく影響された業界は、厳しさが続いています。

たとえば2024年2月に帝国データバンクが実施した「コロナ禍の終焉に関する企業アンケート」では、「コロナ禍は続いている」とする企業は3割を超えています。

特に飲食店業界からは、「コロナ前の売上水準(売上&来客数)に戻っていない」「コロナ前と比べ客の生活スタイルが大きく変化。平日、週末問わず夜の客足は大幅に減少」などの声が聞かれたそうです。

さらにロシアのウクライナ侵攻に伴う燃料費の高騰、歴史的な円安ドル高による輸入品価格の上昇で、さまざまなものの値段が急速に上がり始めています。

一例を挙げると、電気料金（平均的な家庭）は２０２１年１月に６３１７円だったものが２０２４年７月には８９３０円と１・４倍に、レギュラーガソリン（１L）は２０２０年５月には１２６円だったものが２０２４年６月には１７５円とこれも１・４倍になっています（電気料金は東京電力ホームページの「平均モデルの電気料金」より。ガソリンは総務省統計局ホームページの「東京都区部の小売価格」より）。

まさに中小企業の経営者にとって、ここ数年は頭痛の種が連続で襲いかかってくるような感覚があるのではないでしょうか？　しかし過去を振り返ってみると、このような**激しい世の中の変化は、何度もあった**ことに気づきます。

そもそも私が経営する靴下製造会社も、創業当初から非常に厳しい世の中の荒波にさらされてきました。祖父の代は、糸さえ仕入れることができればいくらでも儲かるという「モノ不足」の時代でしたが、１９７３年には第１次オイルショックに見舞われています。

さらに1978年には第2次オイルショックが発生し、短期間に2度も靴下作りに欠かせないナイロンの原料、「原油」が3～4倍になるという強烈な国際情勢の洗礼を受けています。

父の代には有名メーカーのOEM製品に注力して売上を伸ばしました。それでも1991年にはバブル崩壊、2008年には世界的に株価が半分になったリーマン・ショックなど大不景気の時期を経験しています。

そして、3代目の私の代になると輸入靴下の低価格競争に巻き込まれました。それまで穴が開けば大切に繕ってはき続けられていた靴下が3足1000円や4足1000円となり、使い捨てられるようになったのです。

この急激な変化に多くの靴下メーカーは対応できず、海外への工場移転や廃業を余儀なくされました。

時代の変化に振り回されないために

しかし、当社はこのような時代の変化を受けても、「国内生産」「地元密着」という方針を貫きました。それが根本的な差別化ポイントであり、最も大切な「足元」であると確信していたからです。

中小企業にとって大切な足元とは、まず取引先との良好な関係です。これがあれば多少の変動はあっても、継続的に売上の基礎を作ることができるはずです。そのためには、「良い品質のものを納期通りに作る」ということが絶対に欠かせません。

この条件を満たすためには、**製造現場のすみずみまで目が行き届く「国内生産」「地元密着」が最適**でした。いくら海外で生産するコストを低くしても、取引先の要求する水準に達しないものを作ったり、納期に遅れたりするようでは、信頼関係は簡単に崩れ去ってしまったでしょう。

大切なのは、世間の流行や一時的な動きに左右されず、自社の経営を安定させるために一番大切なポイントをぐらつかせないことです。これが「足元経営」の最も重要なポイントと言えます。

靴下王子の足元経営

・経営危機をもたらす社会的事象は5～10年おきに起こるもの
・世の中の変化に対応するポイントは自社の足元を見直すこと
・取引先との良好な関係が大切

●あなたの会社は何のために存在していますか？

先日、書店で面白い本を見かけました。『仕事のカタログ』（自由国民社）という本で、タイトル通り１６００種類もの職業が紹介されているものです。そこには「ディスパッチャー」「パフューマー」「ビオトープ管理士」……など、初めて聞くような仕事がいくつもありました。

さて、このようにさまざまな**ビジネスが成り立つのは、その会社や個人がやっていることを喜んでくれる人がいるから**です。いくら自分で「これはいける！」と思ったことをしても、誰も興味を持ってくれず、喜んでくれる人がいなければうまくいきません。

私が会社を経営できているのも、さまざまなお客さまのおかげです。たとえば、ＯＥＭ製品を依頼してくださる客先は「日本ニットならいいものを作ってくれる」という期待があるわけです。それに応えていかなければならない、ということをいつも社員に伝えています。

ですから、ずるいことはうまくいきません。長い目で見れば、正直な会社が生き残っていることは明らかだと思います。輸入した牛肉やアサリを国産品と偽装して販売した事例などが多くの人に知られていますが、多少儲かったとしても最終的に発覚すれば元も子もないでしょう。「この食材は〇〇でとれたものです」という基本的な約束すら守られないようでは、商売になりません。

お客さまの要望に真摯に応え続ける

これは靴下メーカーでいえば、次のような事例になるでしょう。まず、世の中で流通している名の知れたブランドの靴下は、そのブランドの工場で作られているわけではありません。ブランドを持つアパレルメーカーは、そのマーケティング能力で「どのような靴下が売れるか・必要とされているか」を把握しています。

そういったアパレルメーカーの「このターゲット層に向けてこういう技術を活用した靴下を作りたい」という要望を、具体的なものとして製作するのが、工場を持つ私たちＯＥＭ企業の仕事になります。

たとえば、足が冷えてつらい高齢の方向けの靴下では、ゆったりとしたはき心地が求められます。なおかつ、暖かい靴下でなければなりません。一方、若い人向けの靴下では、しっかりとした締め付け感（着圧感）が求められます。

こういった要望・悩み事を解決するためにどういう糸を使うか、どのような編み方をするか。それがＯＥＭの腕の見せ所になります。しかし、このときに客先と約束した「品質・納期・開発力」を提供できない会社もあります。このように期待に応えられない会社は、生き残っていくのが難しくなります。

こういう会社で多いのが、サンプル品と納品されたものが違う、海外生産していて納期に間に合わない、開発力がなく客先が求める商品を生産できない……といったケースです。

このようなことをしていると、たちまち業界に噂として広がり、仕事の依頼がどんどん減ってしまいます。客先としても**「品質・納期・開発力」に不安がある会社に、わざわざ仕事を頼もうとは思わない**でしょう。

つまり、会社やビジネスが存在する理由は「お客さまの要望・期待に応えるため」であり、その基本（＝足元）を忘れた会社の未来は非常に暗い……と言えるのです。

靴下王子の足元経営

・ビジネスの基本は「喜んでくれる人」がいるかどうか
・お客さまとの約束を守れない企業は消えていく
・すべての会社が存在する理由は顧客の要望・期待に応えるため

●会社の良いところをいくつ言えますか？

企業信用調査会社大手の帝国データバンク情報部による『倒産の前兆』（ＳＢ新書）という本に、業績が思わしくない会社ほど社内における悪口が増える、ということが書いてありました。上司・同僚・部下への悪口、仕入れ先への悪口、さらにはお客さまへの悪口……業績が悪化すると何もかもネガティブに捉えがちですから仕方のないことかもしれませんが、これでは人はどんどん離れていくでしょう。

私も業績が良くないと噂されている経営者の方とお会いする機会がありましたが、とにかく自社の良い面よりも悪い面ばかり話されるので、やはり噂は本当かもしれない……と思ったことがありました。

これは私の実感ですが、経営者は会社の悪い面ばかり考えるより、良い面をしっかりと捉え、そこを伸ばしていく方が会社の業績は良くなります。会社の良い面というのはその会社の基本、言い換えれば大切な足元であり、そこをしっかりと見つめ直すことが重要だと思います。

日本ニットの場合、良いところは営業部にノルマがないことでしょう。ノルマがないため、営業部門は売上を無理やり上げるために利益度外視のおかしな案件をとってくることがありません。

これは当社のような製造業にとって非常に重要なことです。ものづくりは受注すると必ず材料費と光熱水道費がかかりますから、**利益のない仕事を受注すると、何も受注しない場合より損失が出てしまう**のです。

社員の能力を存分に引き出す

もう一つ日本ニットの良いところを挙げると、技術者が好きなテーマで自由に開発できることです。これは技術者に仕事を好きになってほしいという発想から始めました。技術者は気質として「良いものを作りたい」という気持ちが強く、上からの強制は逆効果になりがちだからです。

たとえば、当社の特許商品で大ヒットしている「オープントゥソックス（つま先なし・5本指靴下）」は、技術者の自由な開発から生まれました。正直なところ、靴下からつま先をなくすという発想は、マーケティング部門などの市場調査をもとに技術開発をする、「靴下はこうでなければならない」という固定観念とトップダウンで自由のない開発部門からは生まれないと思います。

ちなみに余談ですが、つま先がないオープントゥソックスは涼しいだけでなく、内部で5本指に分割されており、指の間の汗を吸ってくれます。サンダルを履くときなどにピッタリで、冷房が効いた部屋でも足が寒くなりません。

私は「くるぶしを温めることが健康には大事」だと考えているので、一年中靴下をはいていますが、このオープントゥソックスのおかげで真夏も快適に過ごせています。

最後に手前みそですが、日本ニットでは社長の方針として「仲良く楽しくやりましょう」と伝えています。仕事をしていて楽しく、ストレスがたまらない環境が大切だと考えているためです。

ものづくりの会社である当社で競争を強制すると、「良い発想」が出なくなりますし、社員間の情報の流れも悪くなります。「他社のアレを越えるものを作れ！こういうものを作れ！」という号令では、良いものはできません。

昭和の時代は社長が先頭に立ち、その指示で社員が働いていたかもしれませんが、令和の時代はそれではみんなが疲弊します。ぜひ、令和の経営者は自社の良い面に着目し、それを伸ばすために頭を使っていきましょう。

靴下王子の足元経営

・業績の悪い会社ほど社内に悪口が増える
・自社の良い点（足元）に注目し、伸ばすことで経営が上向きになる
・経営者が旗を振るより、社員の自主性を活かすことが令和の経営

●着物と同じ道をたどらないために

２０２４年、日本は記録的な猛暑に見舞われました。40℃に迫る気温というのも全国的に珍しくなくなり、日中は猛烈な日差しに目がくらみそうでした。私もあまりの暑さにネットで日傘を買おうとしたのですが、口コミの良い日傘はほとんどが売り切れでした。

その原因は、どうやら２０２３年あたりから始まった「男の日傘ブーム」のようです。たとえば、２０２４年7月20日の神戸新聞ＮＥＸＴには大丸神戸店の男性向け日傘が前年同期の３倍ペースで売れている、という記事が掲載されていました。

これまで国産傘メーカーの多くは、コンビニで売られている海外生産のビニール傘に駆逐されてしまったのではないか……と思っていましたが、もしかしたらこの男の日傘ブームで巻き返せるかもしれません。

さて、このような猛烈な暑さによって売上が大幅に減ったものといえば、やはりネクタイでしょう。どこの会社もクールビズが定着し、夏場にネクタイを締めている人はほとんど見かけなくなりました。おそらくネクタイメーカーは相当厳しい経営状況にあると思います。

時代の変化とともに、急激に売上が減ってしまったものもあります。たとえば、着物や下駄、草履といったものも昔と比較にならないほど使う人が減ってしまいました。今や着物はごく一部の人の趣味的なもので、結婚式やお葬式など特別な機会にしか着られなくなり、さらにそれらの機会にも洋服がどんどん侵食しています。

古い時代の常識に縛られない

このように、自社で扱っているものが使われなくなってしまった場合、どうすれば良いのでしょうか？　一つの方法としては、資産を処分して廃業するという選択があります。私が知っている事例でも、広い敷地で染色工場をされていたある経営者は、染色事業を廃業して工場の敷地にアパートを建て、今は不動産業に転身されています。

また、自社で扱っている商品がまったく別の分野で活かされることもあります。これには、**さまざまな方向にアンテナを張り、今まで取り組んでこなかった分野に柔軟に対応する姿勢が必要**です。

たとえば、靴下は夏場にはあまり売れません。これは当社の長年の悩みでした。ところが、思いがけない商品が誕生したのです。それは、日焼け対策のアームカバーです。これはもう女性には必須とも言える商品になっていますが、10年前はあまり普及していませんでした。

実は、アームカバーと靴下というのは、ほとんど製法が同じなのです。形をイメージしてほしいのですが、腕と足を包むところなどそっくりではないでしょうか？　布を筒状に編み、つま先を作らなければアームカバーになるのです。当社ではＯＥＭと自社販売の双方を製造しており、特に女性向けのシルクのアームカバーが売れています。

多くの着物メーカーも、より気軽に着物を着てもらえるように着付けをシンプルにする柔軟性や別の用途を模索する必要があるのかもしれません。そのためには、これまでのやり方やルールにこだわらず、新しいものを受け入れていく姿勢が大切だと思います。

そういえば、私の知人の奥さんがある花火大会で上下セパレートタイプの浴衣を着ていました。上の羽織部分を着て、帯を締めれば浴衣そのものですが、羽織を脱げば肩ひものあるワンピースになるというものです。記念写真だけは浴衣姿で撮影し、その後の花火を見るときはワンピース姿でリラックスして楽しんでいました。あれが国産なのか輸入品なのかは分かりませんでしたが……。

靴下王子の足元経営

・時代の変化で自社の製品やサービスが売れなくなることがある
・廃業を選ばないのであれば、新しい用途を見つけなければならない
・古いやり方に固執せず、柔軟に新しい分野に進出すれば道は開ける

●会社の足元を見直すときに大切なこと

ここまで会社の足元を見直すこと、つまり会社の安定経営にとっては「お客さまからの信頼」が最も大切なものであり、すべての基盤になっていることをお話ししてきました。さらに本項では、会社の足元を見直すときに大切な二つのポイントをお伝えしたいと思います。

まず、第一のポイントは**「失敗を教訓にする」という姿勢**です。失敗とは、言わば会社の足元がぐらついている状態です。しかし、何かに取り組めば必ず失敗はついてまわるものです。どんな名経営者でも、やったことが全部成功するわけではありません。

ユニクロ創業者の柳井正さんは『一勝九敗』（新潮文庫）という著書で有名ですし、ニトリ創業者の似鳥昭雄さんには初の大型店舗を開店したときに夜逃げ寸前まで追い詰められたというエピソードがあります。

このように、何かをするときには失敗はつきものですが、それを単なる失敗で終わらせず、何が悪かったかを分析し、次に活かすことが大切なのです。

たとえば、当社が長い開発期間をかけて、ついに画期的な靴下を完成させたとしましょう。しかし、その製品には耐久性がないという欠点がありました。いくらはき心地が良くても、一回洗濯したらダメになってしまうもの（毛羽立つ・毛玉ができる・生地が伸びるなど）は、販売するわけにはいきません。使い捨てのような靴下を売ると、お客さまの信頼を失ってしまうからです。

このような場合、当社では耐久性がなくなってしまった原因を突き止め、それを次の製品開発に活かします。こうして**失敗したことが最終的には会社の開発力を高め、経営を安定させてくれる**要素になっていきます。

多くの会社でも、さまざまな失敗が教訓にされないまま放置されているのではないでしょうか？　ぜひ、会社の足元に転がっている多くの失敗に光を当て、財産にしていってください。

経営者の落ち着きが会社の未来を左右する

　さて、会社の足元を見直すときの第二のポイントは心を落ち着かせる、ということです。一般に会社の足元を見直そうと経営者が考えるのは、会社の業績が思わしくないときだと思います。それどころか、すでにお尻に火がついている状況かもしれません。

　しかし、そんなときにあわてたり、焦って何かをしようとしたりしてもうまくいきません。そんな社長の姿を見れば、社員も動揺してしまうでしょう。逆に**会社の足元を見直すときは、あえて悠然とした態度で取り組んでいただきたい**のです。

　ここで思い出すのは、私が所属している経営者交流会のメンバーで、株式会社バリュースタッフ代表取締役の森本光春さんです。

　彼の会社は複数のホテルに人材を派遣するサービスで、急速に成長していました。ところが２０２０年に新型コロナウイルス感染症が流行し緊急事態宣言が出されます。人々が外出自粛をするようになり、多くのホテルでパーティーなどが中止となりました。森本社長の会社の売上が大ダメージを受けたことは容易に想像できました。

しかし、そんな大変な状況にもかかわらず、森本社長は平然とした態度で毎月2回の経営者交流会に出席し、普段と変わらぬ穏やかな態度を見せてくれました。のちに、どれだけ売上が低下したかを伺いましたが、もし私の会社が同じような売上の低下に見舞われたら、とても経営者交流会に参加する気にはなれなかったと思います。つくづく、森本社長の強い心（精神力・胆力・不動心）に感銘を受けました。

そして、森本社長の会社は新型コロナウイルスによる外出自粛が終わってから、インバウンドの高まりとともに一気に業績を回復されたとのことです。これは森本社長が築き上げてきた信用や信頼関係のたまものでもありますが、やはり会社の足元を見直すときには、彼のピンチに動じない姿勢を見習ってほしいと思います。

靴下王子の足元経営

- 会社の足元に転がる失敗は、磨けば会社の財産になる
- 会社の足元を見直すときは、落ち着いて冷静な態度で取り組む
- 失敗やピンチに浮き足立っていては、経営者は務まらない

●社員と会社を守るためになすべきこと

私がまだ小学生くらいのときのことです。当社の初代社長である祖父と同居していたのですが、ある晩、私が寝ていた隣の部屋からふすま越しに祖父と祖母が小さな声で会話しているのが聞こえました。

細かい部分は忘れてしまいましたが、このままだと会社は明日にもどうなるか……という内容でした。当時は年間売上を大きく超える金額を借りて新工場を建設した時期なので、おそらく融資の返済に関することだったのでしょう。子ども心に会社経営とは厳しいものだ……と感じたことをよく覚えています。

実際、会社の存続には社員や取引先など、多くの人の生活がかかっています。そのため、絶対に倒れない経営をしなければならないと私はこれまで考えてきました。どうしてもダメなら、迷惑をかける前に会社を畳む……そこは経営者として譲れないところです。

ですから、**「足元経営」とはどうすれば長く社員を大切にし、会社を維持できるかを考える経営**です。具体的には、どんな不景気が来たとしても倒れない健全経営と言えるでしょう。

健全経営の目安は、いつでも負債を返せる余裕がある状態です。負債が多い会社は、ちょっとした売上の低迷や不景気であっという間に倒産してしまうからです。

祖父が工場を建てたときは、７億〜８億円ほどの借入れをしていました。当時の売上は２億円くらいですから、この時期に何かあればたちまち当社は行き詰まっていたでしょう。

それをコツコツと返済して、２代目である父の代でほぼ完済し、その後も実質無借金経営を続けています。設備の修繕や新規事業への投資で融資は受けていますが、これらはいつでも返済できる範囲にとどめています。

一方、靴下業界の同業者で前日まで普通に営業していたのに、翌朝倒産している……という事例をいくつも見てきました。債権者が社長の自宅に押しかけたり、経営者一家が夜逃げしてしまったりするのです。

このように突然会社がつぶれてしまう原因は「大口取引先の売上が急減」「本業以外に手を出して失敗」「親から引き継いだ借金が返せなくなった」といったものです。いずれも、売上からの利益が借金の返済額に見合わなくなってしまうのです。

「資産」と「負債」のバランスは会社の足元

実は私は、父の会社に入社する前に3年間銀行に勤めていました。そのときにいろいろな会社の決算状況を見てきたのですが、良い会社・伸びている会社の決算書は、やはり「資産」と「負債」のバランスが良い印象がありました。すなわち、いつでも負債を返せるだけの資産を持っているのです。

これらの企業は、予期しないことが起きたときにもゼロには戻るがマイナス（＝倒産）にはならず、まだ勝負（＝経営）を続けられるようにしているとも言えるでしょう。つまり、**身の丈以上にお金を借りてしまうのは足元が見えていない経営**なのです（ただ、これは2代目、3代目経営者の場合です。創業社長は蓄積がないので、身の丈以上にお金を借りて勝負する必要があります）。

ちなみに、会社としてお付き合いしている現役の銀行員に聞きましたが、お金を貸せる企業・貸せない企業の判断基準は、第一に「自己資本が厚いかどうか」だそうです。やはり金融機関も万一のときに返済できるかどうかを重視しているわけです。これは同時に企業の継続性を判断しているとも言えるでしょう。

さらに、「節税対策で利益を低くしている会社は自己資本が薄くなるため融資しにくい」「業歴の長い会社ほど融資しやすい。30～50年続いている会社は顧客基盤や取引先とのつながりがある。業歴○年以上というのは必ず稟議書に書く」「社長のSNSはチェックする」という融資の判断要素も教えていただきました。金融機関からの融資を検討されている方は、参考にしてみてください。

靴下王子の足元経営

・倒産は多くの人の迷惑になるので、絶対に避けなければならない
・倒れない経営のために、借金はいつでも返せる範囲にとどめる
・自己資本を厚くしておくと金融機関からの融資が受けやすくなる

●軸足を増やすポートフォリオ経営

2024年8月5日、日経平均株価はブラックマンデーを超える史上最大の下落に見舞われました。NISAを活用して日本株式のみに投資していた人の中には、パニックになって株を投げ売りし、大切な資産を大幅に減らしてしまった人もいたようです。

このような悲劇を避けるため、投資家の多くは適切なポートフォリオを組みます。たとえば、国内株式・海外株式・日本国債・海外国債・金(ゴールド)・日本円・海外通貨・不動産・暗号通貨などさまざまな金融商品を組み合わせ、暴落に備えるのです。

これを会社の経営でいえば、特定の収入源やお得意さまに頼らない「ポートフォリオ経営」ということになるでしょう。大口の取引先が倒産することは絶対にないわけではありません。売上の大部分を占めていた得意先が不渡りを出し、それで倒産してしまった同業の会社もありました。

そのような不測の事態に備えるために、前項では「資産＞負債」の状態を保つ重要性をお伝えしましたが、**もう一つの重要なポイントとして、複数の収入源を持つことをおすすめしたい**と思います。

たとえば、当社の場合は先代まで売上のほとんどをＯＥＭが占めていました。しかし、これではＯＥＭ先の方針や経営状態に当社が大きく影響されてしまいます。そこで私の代になってから、自社で靴下の販売を始めました。

実店舗を持たず、販売サイトを立ち上げただけでしたから、それほど大きな投資を必要とせず、新たな収入源を設けることができました。現在ではＯＥＭの売上が７割、自社販売の売上が３割になっています。

さらに、会社の経営を安定させるために不動産事業、太陽光発電事業、コインランドリー事業、電気自動車の充電器事業への投資を行っています。これらの事業を選択した理由は、いずれもそれほど人を必要としないことです。当社の社員が靴下事業に集中しながら、新たな売上を上げられる事業を選びました。

新たに収入源を増やす際は十分な検討を！

ただ、このように売上の軸足を増やす際に、やみくもに手を広げたわけではありません。事前に十分な検討を行い、勝算があると確信を持てた事業にのみ投資しています。

たとえば、不動産投資は多くの個人や会社が行っています。しかし、自分なりの勝利の方程式とも呼べるものがなければ、なかなかうまくいきません。私の地元で起きた失敗例ですが、近隣に大学ができるという計画が発表され、学生用ワンルームマンション投資がブームになったことがありました。

ところが、大学はできたものの学生があまり集まらず、大学は奈良から大阪に移転してしまいました。結果として、学生用ワンルームマンションは空室だらけになり、投資を回収できずに終わっているようです。

私は不動産投資を始めようと考えたとき、半年ほど毎週末に奈良から名古屋まで行き、不動産の勉強会に参加しました。そこで「まず不動産投資の本を１００

冊読んだ方がいい」と言われ、素直に１００冊以上読みました。

さらに最初の物件を買うまでに、投資家、不動産業者、金融機関など50人以上の人に会いました。そうして大阪・東京・博多など都市部でのマンション一棟投資に狙いを定め、現在も取り組んでいます。

特に大阪都心部には戦後焼け残った明治・大正時代の集合住宅に今でも人が住んでおり、それらが補強・リノベーションされて大人気になっています。反面、奈良県の物件は人口が減少していくことが目に見えているため、いくら利回りが良さそうでも投資対象からは外しています。

不動産は会社経営において、融資の担保になりますし、いざとなれば売ることもできます。しかし、工場の機械は売れませんし、価値はどんどん下がってしまいます。不動産をはじめとする複数の収入源で企業の足元を固めれば、いっそう本業に力を入れることができるでしょう。ぜひ、検討してみてください。

靴下王子の足元経営

・一つの収入源（取引先・事業）に頼り切りになるのは危険

・本業がおろそかにならないようにして、複数の収入源を作ろう
・不動産は企業経営の足元を固めてくれる有望な収入源

●先を見すえ、時代の流れを追いかけよう

２０２４年7月26日から始まったパリオリンピック。スケートボードではわずか14歳の女の子が金メダルを獲得し、体操男子団体で2大会ぶりの金メダルといった華やかな結果が印象的でした。しかし、私は前回の東京オリンピックで金メダルをとった有力選手が今回のパリオリンピックでは残念な結果に終わってしまったときに見せた、悲嘆の光景が強く印象に残っています。

スポーツ選手が最も分かりやすい例ですが、良い状態は永久に続くものではありません。ある分野で努力していても、いつまでも最高の状態が続くわけではなく、時代の変化とともに沈んでしまうこともあるのです。

しかし、早い段階で次の手を考えて動けば、別の分野で活躍を続けることができます。たとえば、千葉ロッテマリーンズの里崎智也さんはプロ野球選手として16年間プレーし、２００６年のワールド・ベースボール・クラシックで日本代表

の正捕手としてチームを初代王者に導くほどの実力者でした。

そして引退後は解説者、タレント、YouTuberとマルチに活躍するだけでなく、投資家という一面を持っています。里崎さんは、現役時代から毎月10万円の積立貯金をして、引退後にその貯金を使って株式投資を始めるという「先を見すえた一手」を打っていました。

現状に安住していると沈んでいく

会社の経営も個人の人生も同じでしょう。将来に向かって時代の流れを追いかけ、それに合わせた取り組みをしなければ沈んでいってしまいます。たとえば当社の場合、先代社長の頃はほぼ10割だったOEM生産の売上比率を下げるために、自社販売をスタートさせました。これは**将来、発注元が海外生産に切り替えたとしても当社が生き残るために始めたこと**でした。

25年ほど前は、靴下といえば国産品のみでした。当時は私も含めて、わざわざ中国まで靴下製造の技術指導に行くほどだったのです。今から思えば自分で自分の首を絞めていたようなものでした。そして、現在は９割の靴下が海外製品となり、その影響で倒産した会社も数多くあります。それは時代の流れに適応できなかった……と言えるのかもしれません。

さらに昔は、護送船団方式で業界内の企業が助け合い、「糸さえ手に入れば儲かる」という時代もありました。そして、同業他社が作った製品はまねしない、という不文律があったりもしました。

しかし、今では国内でも海外でもまねが横行しており、ぼんやりしていたら会社は倒産しかねない時代です。自分から積極的に情報を取りに行き、時代を追い続けなければあっという間に時代の荒波に飲み込まれてしまうでしょう。

企業の２代目、３代目経営者には、創業者が築いたある程度の経済的基盤があります。しかし、そこに安住して「すべて今まで通りに」という考え方ではダメなのです。むしろその**基盤があることを活かして、変化していく必要がある**のです。

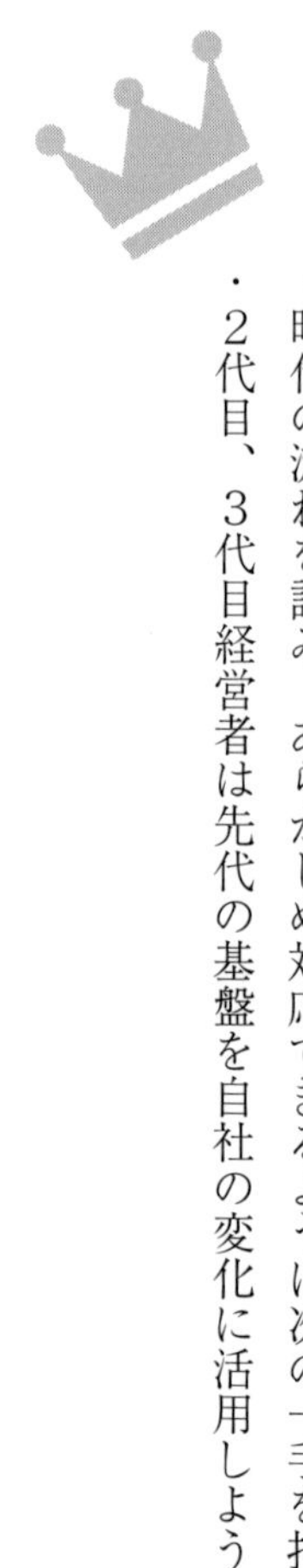

靴下王子の足元経営

・いつまでも良い状態が続くという過信は危ない
・時代の流れを読み、あらかじめ対応できるように次の一手を打つ
・2代目、3代目経営者は先代の基盤を自社の変化に活用しよう

第2章 ナマズで地域経済に「地震」を起こす

●新規事業戦略に欠かせないポイントとは

　初めてお会いした方と名刺交換をする際、「靴下メーカーを経営しています」と言うと、ほとんどの場合、「ああ……靴下ですか」と流されます。ところが、「新規事業としてナマズの養殖をしています」と言うと、「ナマズの養殖ですか⁉　それは面白いですね！」とたいていの方が食いついてくれます。

　そして、私のことも「ナマズの社長」と一発で覚えてくれるのです。つくづく、世間は靴下に興味がなく、ナマズには興味津々なのだなぁ……と靴下メーカーの経営者としては苦笑せざるを得ません。

　さて、前章の最後でも記した通り、中小企業を安定的に継続させるためには収入の柱を複数持ち、時代の流れを見ながら新しく変化していく必要があります。つまり、これまで慣れ親しんできた本業だけでなく、新規事業にも取り組むことが欠かせないのです。

私はこれまで中小企業の3代目として、靴下メーカーという本業以外に不動産事業、太陽光発電事業、コインランドリー事業、電気自動車の充電器事業などの事業に取り組んできました。そして2023年に新たにスタートさせたのが、ナマズの養殖事業です。

選択の基準はこの4つ

前述の通り「なぜ靴下メーカーがナマズの養殖？」と驚かれますが、この選択には次のようなポイントがありました。これらはいずれも中小企業の新規事業には外せない要素だと思います。

①未来性

私が考える中小企業の新規事業戦略で大切なポイントは、まず「未来性があるか」という点です。たとえば、今の時代に着物や下駄作りを新規事業として始めても仕方がないでしょう。残念ながらこれらの市場が継続的に発展していくとは考えにくいからです。

しかし、食料品は人間が生きている限り必要になり続けます。そして、2024年現在で82億人の**世界の人口は、2080年代半ばに104億人のピークを迎えるまで増え続ける**と予測されています（国連の「世界人口推計2024年版」より）。

日本の人口は少しずつ減っていくとしても、それでも食料品の重要性は変わりません。これからも日本人が食べていくために、また人口増加に伴う世界的な食料需要の増大という面から見ても、食品関連事業はこれからも必要とされ続けることが予想されます。

②共感性

第二のポイントは、「共感性」があるかどうかです。簡単にいえば、その事業に協力・賛同してくれる人がどれだけいるかということです。どんな新規事業でも社長一人で継続・発展させることはできません。**その事業ならやってみたい、協力したいと感じる人がいるかどうかも重要な要素**になるのです。

実際、ナマズ養殖事業を始めると発表したとき、社内から「やってみたい！」と手を挙げる社員がいました。さらにＳＮＳを通じて「ナマズ養殖に協力したい！」と熱く語って当社に入社してくれた人もいるのです。この多くの人の反応も、新規事業としてのナマズ養殖の可能性を感じさせてくれました。

③資金的な裏付け

第三のポイントは、新規事業を軌道に乗せるまでの「資金」を準備できるかどうかです。具体的には設備投資と運転資金をまかなうだけの自己資金、または融資を準備できるかということです。

金額の詳細は伏せますが、ナマズ養殖のためには設備投資に数千万円、運転資金にも数千万円を用意する必要がありました。これらを調達できる目算があって初めて、当社もこの新規事業をスタートさせることができたのです。

④ブルーオーシャン

最後のポイントは、その新規事業が「レッドオーシャン」ではなく「ブルーオーシャン」かどうか、という点です。レッドオーシャンとは過当競争に陥っている業界・分野であり、たとえばラーメン店などが挙げられるでしょう。飲食関連情報サイトの調査によると、4割の店が1年以内に廃業し、7割の店が3年以内に閉店するということですから、新規事業として参入しても成功確率はかなり低いと思われます。

ブルーオーシャンはその反対で、あまり競争相手が多くない業界・分野のことを指します。魚介類の養殖は最近ブームを迎えており、特にサーモン・エビは大手も参入して競争が激しくなっています。

このような養殖業界の中のレッドオーシャンを避ける意味もあり、私はナマズを選びました。**ナマズの養殖に取り組んでいる企業はまだまだ少ない**上に、おいしくて高タンパクなナマズは食料品として非常に有望だからです。さらに皮に含まれるコラーゲンは化粧品などの原料として、頭や骨は魚やニワトリのエサ、またペットフードとしても利用できます。これらの市場を新たに開拓できれば、完全なブルーオーシャンになるでしょう。

靴下王子の足元経営

- 中小企業には新規事業に取り組む上で押さえるべきポイントがある
- 新規事業の発展には「未来性」「共感性」「資金的な裏付け」が必須
- 資金力に限りがある中小企業は「ブルーオーシャン」に注目しよう

●ナマズは必ず必要になる！

この数年、急激にマスメディアなどで見聞きするようになった「昆虫食」をご存じでしょうか？　たとえば２０２０年5月、さまざまな生活雑貨や食品を扱う無印良品の一部店舗でコオロギの粉末入りせんべいが発売され、大きな話題になりました。

昆虫食は国連の下部組織であるＦＡＯ（国連食糧農業機関）が２０１３年に提唱したことから、世界各国で開発がスタートしました。その背景にあるのが、「プロテイン・クライシス（タンパク質危機）」です。

プロテイン・クライシスとは、世界人口が２０５０年に１００億人に達するという予測から、世界のタンパク質供給量を需要が上回り、人間に欠かせない栄養素であるタンパク質が不足するという事態です。簡単に言えば、牛肉や豚肉、鶏肉、魚などが手に入りにくくなることと言えるでしょう。

そこでFAOはエサや水の必要量が少なく、タンパク質が豊富な昆虫を食料にすることを提唱したわけです。実際、FAOの報告書によれば、コオロギでタンパク質1kgを得るために必要なエサの量は牛の5分の1、水の量は5000分の1とされています。

ただ、昆虫食が普及する可能性は高いとは言えないでしょう。私も含め、ほとんどの人が生理的に受けつけないと思います。事実、冒頭の無印良品の昆虫食シリーズも2024年現在、ほとんど店頭で見かけることはありません。

プロテイン・クライシスの現実的な解決策とは？

しかし、プロテイン・クライシスという危機は現実のものとして存在しています。事実、気象庁の発表によると日本の海水面温度は平均で100年当たり1・28℃のペースで上昇しており、これは世界平均の2倍のペースだそうです。そして、この海水温度の上昇が漁獲量にも大きな影響を与えている、と言われています（朝日新聞デジタル　2024年4月17日「**【そもそも解説】**海の温暖化とはすでに漁業や生態系に大きな影響」より)。

国力低下と周辺国の経済発展により、日本が世界で肉や魚を買い負ける時代が来るでしょう。さらに日本近海で魚が取れなくなるならば、**子どもたちが健康に成長するためにも良質なタンパク質を確保する手段を新たに確立しなければなりません**。こうしたことから、私は新規事業としてナマズの養殖を始めました。

コオロギは生理的に食べられないという人でも、ナマズにはそこまでの抵抗感はありません。さらに、陸上養殖の場合は海中で取った魚に見られる寄生虫(アニサキスなど)やマイクロプラスチックの問題をなくすことができます。

そして、日本の陸上養殖には非常に優位なポイントがあることもお伝えしておきたいと思います。それは、水の豊かな日本ならではの「水質の良さ」です。

一般的に海外では、ナマズはドロドロに濁った沼で養殖されています。そのため、国内で売られている輸入ナマズは泥臭く、かなり濃い味付けをしなければとても食べられません。

ところが、日本の澄んだ水で育てられたナマズは泥臭さがなく非常に味が良くなります。そのため、これからのナマズは輸入品ではなく輸出品になるかもしれません。また、ナマズを原料としたエサが海外で売れる可能性もありそうです。

近畿大学の完全養殖マグロ、通称「近大マグロ」も最初は散々バカにされました。大海を旅するマグロを狭い水槽で育てても、ロクなものができないと言われていたのです。しかし、２００４年の初出荷以降、今ではブランド品として認知されるようになりました。

壮大すぎる夢に思われるかもしれませんが、私は大学などの研究機関との連携を視野に入れつつ、ナマズの陸上養殖に取り組んでいきたいと思います。

靴下王子の足元経営

・日本のタンパク質危機を解決する方策が求められている
・ナマズはコオロギより抵抗感がなく、受け入れられる可能性が高い
・日本の陸上養殖にはメリットが多く、大きな可能性がある

●世界ではウナギよりナマズ

毎年、土用の丑の日が来るとスーパーやコンビニにウナギが並び、「うな重」は数千円出しても食べたい人気のメニュー……やはり日本ではウナギの方がナマズよりも圧倒的に人気があります。

しかし、私が最近仕事でご一緒した写真家（アメリカと日本で活躍するかなり有名な方）に聞くと、アメリカでは普通にナマズが食べられているそうです。むしろ、ウナギの方がマイナーで食べたことがない人も多いというのですから、世の中は広いものですね。

そんなアメリカの南部では、ナマズは「キャット・フィッシュ」と呼ばれ、ハンバーガーの具材として使われているそうです。いわゆるフィッシュ・バーガーには白身魚のフライが使われているので、ちょうどそんなイメージでしょう。

白身魚のフライといえば、イギリスが本場のフィッシュ&チップス（魚のフライとフライドポテトの料理）も有名です。しかし、こちらはタラを使うのが正式で、こっそりナマズを使って罰金を科せられたという報道がありました。

世界中で食べられている

世界でナマズはどれくらい水揚げされ、どのように食べられているのでしょうか？　やや古いデータですが、２００８年のナマズの養殖生産量はベトナムが世界一で１２６万トン。第２位が中国で69万トン。第３位がアメリカで23万トン。第４位がインドネシアで22万トン、第５位がタイで16万トンでした。

面白いのは、ナイジェリアが第７位で４万トン弱、ウガンダが第８位で３万５千トンであること。アフリカでもナマズは人気があるようです（寺嶋昌代・萩生田憲昭「世界のナマズ食文化とその歴史」『日本食生活学会誌　第25巻第３号２１１‐２２０（２０１４）』より）。

ウナギの漁獲量は世界的におよそ数百～数千トンくらい（水産庁水産研究・教育機構、２０２２年）ですから、ナマズの方が圧倒的にたくさん取れると言えるでしょう。

調理法として世界的に人気があるのは、やはりフィッシュ＆チップスのようなフライ料理です。その他、タイでは炒め物やスープの具材として使われています。中国では麻辣スープで煮込んだ激辛メニューも人気があるようですし、アフリカでは燻製にしたり、トマトスープで煮込んだり、タレをつけた蒲焼き風のメニューもあります。

泥沼でも生息する生命力の強いナマズは、世界的な食料不足を救う可能性があるのかもしれません。日本でも絶滅危惧種に指定されているウナギを食べるより、「ナマズの蒲焼き」を流行させたいものです。そして、このおいしい蒲焼きを海外に輸出すれば一石二鳥を狙えるのではないでしょうか？

靴下王子の足元経営

・日本ではあまりなじみがないが、ナマズは世界的に人気がある
・ナマズはウナギより漁獲量が大きく、今後も伸びる余地がある
・世界にはナマズのさまざまな食文化があり、輸出産業にもなりうる

●ヒョウタンから駒、靴下からナマズ

縁というのは不思議なもので、**私とナマズの巡り合いはまったく想像もしないもの**でした。

当社の新規事業を考えるにあたり、これまでに述べたような世界の流れ、日本の将来を考えて「陸上養殖」に取り組むところまでは決めていました。しかし、採算を取るためにはやはり高単価なものが良いだろうと思い、当初は高級食材の「アワビ」を養殖するつもりだったのです。

その方向で養殖の関係者にも相談し、実際に事業の検討も始めていました。そんなあるとき、東京国際展示場（東京ビッグサイト）で開かれた養殖ビジネスの展示会で、ある養殖業者（アワビの稚貝や養殖用のエサを販売している）の方と会話しているとき、急に岡山県のナマズ養殖が面白いよ、という話が出たのです。

その頃、私はアワビの養殖に踏み切るかどうか悩んでいました。アワビは成長

速度が遅く、稚貝を購入してから出荷できるサイズになるまで3年ほど必要です。これでは資金を投下してから実際に回収できるまで、ヘタをすると10年単位の時間がかかったでしょう。

さらにアワビは繊細で養殖が難しいのも難点でした。わずかな水温の上昇にも敏感で、簡単に全滅してしまうのです。そして最大の問題は、お隣の韓国で海を利用したアワビの養殖が盛んに行われているため、国内で陸上養殖をしても採算が取れない可能性があることでした。

そんなときにナマズの話を聞いたため、私はすぐに岡山県に向かいました。そこで生まれて初めてナマズを食べさせてもらったところ、そのおいしさに感動したのです。これは新規事業としていけるかもしれない、日本の食料問題を解決するためにも必要ではないかと思いました。

神様のお告げ？

私は毎月1日に必ず、会社の繁栄を願って奈良の大神(おおみわ)神社に参拝しています。

たまたま、この岡山のナマズ養殖施設を見学してからまもなく、出張で1日に大神神社に行けないことがありました。そこで、代わりに出張先の最寄りの茨城県・鹿島神宮に参拝したのです。

まったく事前情報はなかったのですが、そこに**地震を起こす悪いナマズを退治する神様の像**がありました。興味を持ったタイミングでナマズに縁のある鹿島神宮に参拝し、神様の像に出会ったこと……これは神様が応援してくださっていると確信し、それから一気にナマズの養殖事業をスタートさせました。

さて、人とのご縁、そして神様とのご縁を得て始めたナマズの養殖事業ですから、ゆくゆくは人の輪を広げる場を作ることでご恩返しをしたいと考えています。それがナマズのテーマパーク『ナマズ王国』構想です。

ナマズ王国の中心になるのは、もちろんナマズの養殖設備やエサの加工場。その周辺にナマズの切り身や加工食品をお土産として購入したり、ナマズ料理を食べたりできる食堂がある『道の駅』のような施設を作りたいと考えています。

そして、養殖設備やエサの加工場を見学に来た人が楽しめるように、ナマズ釣りやナマズのエサやりを体験したり、ナマズの生態を学んだりできる子どもたちも興味を持ってくれる場所にしたいと思います。実はそのための土地もすでに確保しています。

この構想には、本業の靴下工場で地元の小学生を対象に工場見学の受け入れを続けていることと同様の狙いがあります。このような次世代に向けて楽しみながら学べる施設を作ることで地元との交流を図り、応援してもらうことが中小企業の存続にとっては有形・無形の非常に強力な後押しになるのです。

靴下王子の足元経営

・人の縁を大切にし、フットワークを軽くしてチャンスをつかむ
・最後の決め手として、直感に頼るのもアリ
・人の縁に恩返しするために、人の輪をつなぐ場所を作ろう

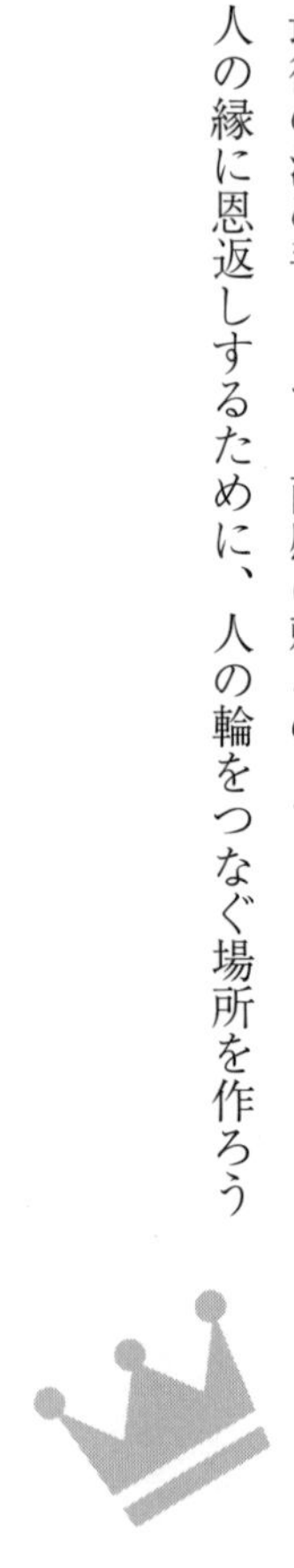

●簡単すぎないのがカギ！

中小企業の経営者の中には、ときどき新規事業を選択する際に「特別な技術は不要！」「ブームなので儲かる！」といった怪しげなキャッチフレーズに飛びついてしまう人がいます。普通は「簡単な技術しか必要ない」「今がブーム」という2点を見るだけで参入障壁が低すぎて過当競争になり、ブームが過ぎれば崩壊するビジネスだと分かりそうなものです。

これまでの事例であれば、「タピオカブーム」や「から揚げ専門店ブーム」などが当てはまるでしょう。材料を仕入れるだけ、フライヤーを使えば誰でもおいしく作れるといったハードルが低すぎるビジネスは、やはり長続きさせることが難しいと思います。その点、ナマズの養殖ビジネスは「簡単すぎない」ところが逆に安定したビジネスになりうる、と私は考えています。

当社がナマズの養殖事業を始めたのは2023年5月。アワビの場合は稚貝を仕入れて、それを2～3年育成する計画でしたが、ナマズの場合は親ナマズに産卵させ、その卵を孵化させて飼育することにしました。ナマズは孵化してから出荷できるサイズになるまでに1年弱ですから、アワビと比べれば回転数は2倍から3倍になる計算です。

ところが、最初はまったくうまくいきませんでした。まず、ナマズに卵を産ませる方法が分かりません。さらにようやく卵を産ませても、今度は孵化させる方法が分からないのです。

基本的な飼育方法は岡山県でナマズ養殖をされている方から教えていただいたのですが、奈良県とは水質が違ったため、独自の工夫をしなければなりませんでした。飼育環境をあれこれ試しているうちに、ようやく孵化に成功しましたが、ほとんど全滅するという日々が続き、生き残ったナマズは1匹だけ。

ちなみに、この1匹だけ生き残ったナマズは縁起が良いので、養殖施設のマスコットキャラクターとして飼育中です。養殖施設の状況をお知らせするSNSで名前を募集し、「なまちゃん」と命名しました。

軌道に乗り、2025年に初出荷の予定！

なまちゃんのおかげもあってか、何度も失敗を繰り返した末、ようやく環境を整えることで産卵・孵化がうまくいく方法を突き止めました。

こうして2024年2月から産卵・孵化がうまくいき始め、**およそ1000匹のナマズを2025年初頭には出荷できる予定**です。この1000匹を手始めに、最終的には年間100万匹のナマズを出荷するのが目標です。

そのために外部からの出資を受け、養殖用の水槽を増やすことも検討しています。クラウドファンディング方式で全国から投資してもらい、自分の名前を水槽の銘板に刻んでもらったり、ナマズたちに名前をつけたり、ふるさと納税のようにナマズを返礼品として受け取る……といった構想もしています。

いずれにせよ、ナマズには誰でもできる「養殖マニュアル」のようなものはありませんでした。一見、これはデメリットに見えますが、中小企業が参入する新規事業においてはメリットでした。なぜなら、当社が1年以上かけて試行錯誤して確立した技術は立派な参入障壁となり、ライバルとの過当競争を防いでくれるからです。

靴下王子の足元経営

・簡単に参入できるビジネスは長続きしにくい
・ほどほどに難しいビジネスは中小企業の新規事業に向いている
・独自の技術を確立できれば、さまざまな展開を考えることができる

●抜群のコストパフォーマンス

最近の20代、いわゆるZ世代の人たちが大事にしている価値観は「コスパ」と「タイパ」です。コスパとは言うまでもなく、コストパフォーマンスの略。支払ったお金に対する価値が見合っている、という意味でしょう。

また、タイパとはタイムパフォーマンスの略です。かけた時間に対して得られるリターンが見合っている、という意味です。

そこからZ世代の人たちには、上映時間２時間の映画をそのまま観るのではなく、早送りやダイジェスト動画を利用して10分で鑑賞するなどの行動が流行しているわけです。

この価値観は40代の私にはあまり賛同できない面もありますが、ナマズのコストパフォーマンスは最高です。無駄が嫌いなZ世代の人たちに、きっとナマズは気に入ってもらえると思います。

ナマズ養殖の優れた点は

ナマズの優れたコストパフォーマンスとしては次のような点が挙げられます。

①出荷までの育成期間が短い

ナマズは産卵から出荷サイズに育つまで1年弱の育成期間しかかかりません。これはアワビの稚貝から2～3年、サーモンの1年半～2年と比べてもかなり短いと言えるでしょう。

②育成コストが低い

これは①とも関連しますが、育成期間が短いことで消費するエサの量も少なくなります。同時に電気と水道の消費量も減らすことができます。特に大きい利点が、**ナマズが淡水魚**であることです。

一般的な陸上養殖で育てられているアワビ、エビ、サーモンなどは本物の海水または人工海水を必要とします。本物の海水を使えば不純物を含まない水道水を使う陸上養殖のメリットは薄れてしまいますし、人工海水は相当なコストアップ要因になってしまいます。

③用途が広い

ナマズについては食用にするだけでなく、出汁を取るためのナマズ節の原料、他の魚のエサや化粧品の原料にするなど、さまざまな用途があります。これがアワビなどですと、ほぼ食用の用途しかありません。

すでに当社のナマズについて、ウナギのエサに利用できないかという問い合わせもいただいています。ナマズを乾燥させ、砕いて小さなペレットにすることを想定していますが、高タンパクなナマズをエサにすることでよりおいしいウナギができるのではないか、という期待があるようです。

他にも、クセのないナマズの特長を活かし、筋トレやダイエットで利用される粉末プロテインの原料にもなるかもしれません。まずは２０２５年の初出荷以降、さまざまな用途研究もスタートさせたいと考えています。

靴下王子の足元経営

・ナマズはさまざまな側面でコストパフォーマンスに優れている
・新規事業を成功させられるかどうかは、コストにかかっている
・コストを下げる工夫の余地はスタート地点の選択にかかっている

●ナマズ普及における二つの壁

土日や祝日にショッピングモールへ行くと、聞いたことのない名前のアイドルグループがコンサートをしているのを見かけることがあります。10〜20代の男性グループや女性グループが真夏の炎天下や真冬の凍えるような寒さの中で歌い、踊っている姿には、やはり感動を覚えます。

しかし、彼ら・彼女らの多くがテレビに出たり、東京ドーム公演をすることはありません。言い換えれば、全国的に普及するためには、乗り越えなければならない大きな壁があるのです。

実はこのアイドルたちが直面している壁は、私が取り組んでいるナマズの陸上養殖を普及させるための壁とよく似ています。それは次の二つです。

壁その①「知名度が低い」

冒頭のアイドルグループもそうですが、そもそも存在を知られなければコンサートを開いてもお客さまが来ません。テレビやライブハウスに呼ばれることもないでしょう。

同様に**ナマズも食材としての知名度が低いため、そもそもお店で販売されていません。**結果として、多くの人が食材としてのナマズに触れることがないのです。

この問題を解決するため、アイドルグループは無料で宣伝できるSNSに力を入れているわけですが、私も同様の戦略を取っています。具体的には「なまちゃん」というイメージキャラクターを作り、インスタグラムに投稿を続けています。

ショートコント風の動画やかぶり物なども駆使してファン作りを続け、おかげさまで現在はフォロワー数が4000人を超えました。2025年の初出荷までには、1万人を超えたい……と考えています。

壁その②「ナマズがおいしいと思われていない」

アイドルグループの場合、「どうせ素人に毛が生えたくらいでしょ」「歌もダンスも大したことないに決まっている」という先入観に苦しめられています。一度でいいからライブなり動画なりを見てもらい、本当の実力を知ってほしい……しかし、そういう機会に恵まれない、というのが多くのアイドルの悩みだと思います。

これはナマズも同じで、「ナマズなんてまずいでしょ」「ナマズは泥臭いのでは？」と多くの人が思っています。これもほとんどの場合は食べたことがなく、単なるイメージに過ぎません。

意外と多いナマズファン

この**解決方法は、やはり一度体験してもらうこと**です。展示会などを通じ、あらゆる直販サイトや卸問屋との関係を作って流通ルートを開拓し、少しでも多くの人に実際にナマズを食べてもらう必要があります。地元で無料の試食会を開催するのも有効でしょう。

岡山県で私が食べさせていただいたナマズは、泥臭い味がするというイメージを払拭してくれました。お刺身、ふぐのてっさのような薄造り、唐揚げ、天ぷら、ヅケと一通りいただいたのですが、どれも非常においしかったのです。

特にお刺身はマグロとふぐの良いとこ取りのような味でした。知らない人が食べたら、まずナマズとは思わないでしょう。プロの料理人の腕にかかれば、さらにおいしくなるはずです。

これまでナマズのＰＲに取り組んできて強く感じていますが、観賞用で飼っている人やナマズ釣りが好きな人など意外とナマズファンは多いようです。さらに、一度でも食べたことがある人は「ナマズ、おいしいよね！　養殖ナマズの出荷、楽しみにしています！」と応援してくださるのです。ですから、きっと当社のナマズは二つの壁を乗り越え全国レベルのアイドル（？）になれるでしょう。

靴下王子の足元経営

・ナマズの普及には知名度を上げる必要がある
・ナマズの普及には「ナマズはおいしい」と認知される必要がある
・ナマズの潜在力から見て、全国に普及する可能性は高い

●ナマズがウナギに代わる日

ウナギが庶民の食卓から遠のいて、ずいぶん経ちます。環境省が2013（平成25）年に絶滅危惧種に指定し、世間で「ウナギが絶滅する！」と騒がれた頃から、どんどん値段が上がってしまいました。

総務省の統計によると、2002年の蒲焼きの値段は100gあたり509円。誰もが少し頑張れば食べられる、気軽なご馳走だったのです。

ところが2023年には、ウナギの蒲焼きの値段は100gあたり1500円と3倍近くになりました。かなり奮発しなければ、食べられないでしょう。

国連の「世界人口推計」によると世界の人口は2060年には100億人を突破すると予測されており、さまざまな食材が高騰することは明らかです。

「明らかに必要となることが予想されていながら、まだ誰もやっていないこと」にはビジネスチャンスがあります。言い換えれば、ライバルのいないナマズ養殖はブルーオーシャンです。

奈良県の名物に

２００９年から２０１６年にかけて、近畿大学ではナマズをウナギの代用にしようと、養殖の研究をしていました。しかし、のちに同大学はウナギそのものの養殖に舵を切り、あまりナマズ養殖の研究には力を入れていないようです。

靴下に続く会社を支える柱を模索していた私は、このナマズ養殖に目をつけました。日本人にはナマズを食べるイメージがありませんし、食べたことがある人も滅多にいません。

しかし、実際に食べると、ほとんどの人が「おいしい！」と言ってくれます。ナマズはよく知られている魚ですから、一気にブレイクする可能性があるでしょう。

現在、ウナギの国内生産量が激減しているにもかかわらず、国は積極的に手を打っていません。この危機が深刻化する前に、私はウナギの代替食品として、ナマズを普及させるつもりです。すでに、奈良県内に実験施設を建設し、1億円をかけて試験飼育も開始しています。

ちなみに、ナマズは単位重量当たりのエサの消費量も少なく、環境にやさしいというメリットもあります。たとえば、タイは1kg育てるのに、2・2kgものエサを必要とします。

一方、ナマズは1kg育てるのに1・5kgしか必要ありません。タイよりよほど効率良く育てられますし、雑食なのでエサ代も抑えることができます。

また、ナマズは可食部が多く、捨てるところがありません。皮にはコラーゲンが豊富なので、化粧品などにも使えます。いつか、ナマズは奈良公園の鹿に続く奈良県の名物になるかもしれない……。私は本気で、そう思っています。

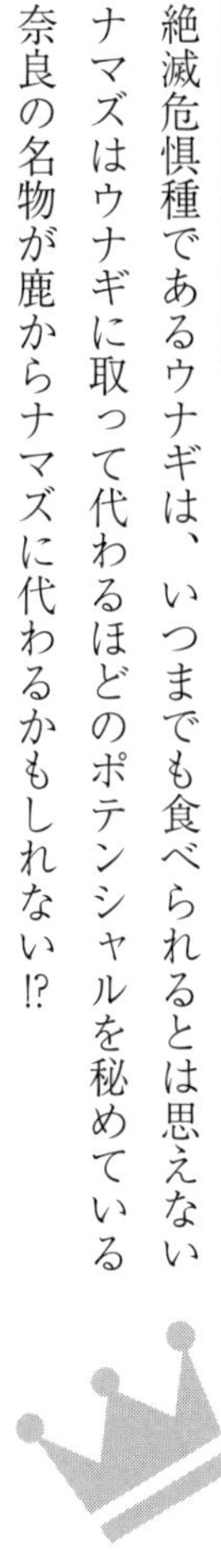

靴下王子の足元経営

・絶滅危惧種であるウナギは、いつまでも食べられるとは思えない
・ナマズはウナギに取って代わるほどのポテンシャルを秘めている
・奈良の名物が鹿からナマズに代わるかもしれない!?

第

章

これで社員も子どももグングン伸びる

●勉強を強要しない＝仕事にノルマを課さない

ここ数年、首都圏では子どもの中学受験熱が過熱している……という話をよく耳にします。2021年には難関の中高一貫校に入るため、小学生たちが必死で勉強する学習塾を舞台にしたドラマ『二月の勝者』（日本テレビ）も放映され、話題になりました。

また、有名小学校に入るため、子どもを3歳から「お受験専門塾」に通わせるご家庭もあるようです。ちなみに、その費用は月5万〜7万円とかなり高額な塾もあるそうで、春期講習や夏期講習などもあるため入学までに200万円近く使った、という体験談もネットで見かけました。

しかし、私は幼稚園児や小学生などを無理やり勉強させる方法では、根本的な学力は伸びないと思っています。これは会社で働く社員も同じです。無理やり仕事をさせても、社員の能力は十分に発揮されません。

このように考えるようになったのは、自分の子どもの教育に関わった経験からでした。実は私の息子たちは、二人とも東京大学に現役合格しています。さぞ、子どもの頃から厳しく勉強をさせたのだろう……と思われるかもしれませんが、まったくそんなことはありませんでした。

息子たちが東大に現役合格した最大の秘訣は、「東大に合格する脳を作ったこと」です。言い換えれば、「最初に勉強の楽しさを教えたこと」でしょう。このことに成功したために、子どもたちは勝手に勉強してどんどん成績を伸ばしていったのです。

会社で社員の能力を発揮させる方法もこれと同じです。**大切なのは「最初にものづくり（当社でいえば「靴下作り」）の楽しさを教えること」**であり、これに成功すれば勝手に社員は伸びていきます。

社員を成長させるために「仕事の楽しさ」を教える

子どものアンケートで「親に言われて一番嫌なこと」は、いつの時代も「勉強しなさい！」です。たとえ勉強するつもりでも、このセリフを親に言われたとたん、子どものやる気はなくなってしまいます。

これは会社員も同じです。「上司に言われて一番嫌なこと」は「もっと売上を上げろ！」でしょう。このセリフを言われたら、社員はみんなやる気を失ってしまうのです。

それなのに、多くの親や上司は子どもや部下の脳にブレーキをかけています。最初に勉強や仕事の楽しさを教え、あとはそれぞれの個性に合った環境で自由に伸び伸びやらせれば、子どもや社員は興味を持ったことに熱中し、脳が活性化していきます。

社員の場合であれば、営業成績が伸び、開発力や技術力が伸び、お客さまに感謝されるのです。当社で「ものづくりの楽しさ」を知った技術者は、やがて「靴下で困っている人を助けたい」「今までにないものを作りたい」という思いを持ち、それを実現できる脳になります。

その一例が、当社オリジナル商品の「破れないサッカーソックス」でした。サッカーをやっている子どもや保護者の方の悩みは、「靴下のつま先がすぐ破れる」

というこことです。その悩みを知った社員たちはつま先を強くすることを考え、破れにくくしました。そして「購入から1か月以内に破れたら無料交換」という保証もつけたのです。

この商品を発売するやいなや、サッカー少年やそのお母さんたちの感謝の声が、会社に届くようになりました。開発した社員たちの喜びは言うまでもありません。そして、この商品は当社を代表する大ヒット商品になりました。

子どもの教育も社員の教育も、「楽しさ」を教えることが第一歩です。その第一歩を踏んで初めて、より大きな未来へと歩き出すことができるのです。

靴下王子の足元経営

- 子どもや社員はいくら強制しても成長しない
- 子どもや社員を成長させる第一歩は「楽しさ」を教えること
- 楽しさを知った子どもや社員は脳が活性化し、自発的に成長する

●会社の研修も学習塾選びと同じ感覚で

皆さんは外食するとき、どうやってお店を選びますか？「とにかく有名店を選ぶ」「ネットの口コミを調べる」「知人・友人からの情報に頼る」「勘で選ぶ」……いろいろな方法があると思いますが、やはりハズレが少ないのは「きちんと調べた上で選ぶ方法」です。

なぜなら、「よくメディアに取り上げられているから！」と有名店を選ぶやり方は、単にお店がメディアに広告費を払っているだけ……という裏側があるなど、ハズレを引く可能性が高いからです。また、勘だけで店を選ぶのは完全に運任せですから、きちんと下調べをした場合に比べてハズレの店に入ってしまう可能性は当然高いでしょう。

実は子どもを通わせる塾選びにも、同じような側面があります。**「有名な塾だから！」という理由や、「なんとなく」「家から近い」といった選択は失敗しがち**なのです。

このことを実感したのは、二人の息子の初めての受験（中学受験）からでした。まず、長男のときの塾選びでは、生徒同士を激しく競わせることで有名な塾を選びました。

この塾は活発な長男の性格に合っていたようで、無事に第一志望の学校に合格することができました。ですから、私は次男にも長男と同じ塾に通わせたのです。

ところが、この塾のスタイルは次男には合いませんでした。のんびりした性格の彼には、もっとじっくり先生が子どもに寄り添い、教えてくれる塾の方が良かったのです。そこで次男の塾を変更したところ、彼の成績はどんどん伸びていきました。

一人ひとりの個性を見極めて教育する

社員教育でも、同じことが言えます。社員にはいろいろな性格の人がいます。会社としての方針がこうだから、全員この研修を受けなさいというやり方では、成長できないタイプもいるのです。

そこで、基本的な部分は同じだとしても、その社員を伸ばすためにはどういった指導がいいか、どういう部署に配属すればいいかは、じっくりと見極める必要があります。一方的な思い込みで、「この研修がいい」「この部署がいい」と決めつけるのは良くありません。

前述の外食の例に倣って言えば、「有名な」研修だから受けさせる、「なんとなく勘で」配属先を決めるのはうまくいかないことが多い、ということなのです。さまざまな角度から、しっかり検討することが必要なのです。

ちなみに、次男に最初の塾が合わないということに気づけたのは、私が彼とコミュニケーションを取っていたからです。朝ご飯と夕ご飯は塾に通い始めるまで毎日、塾に通い始めてからも週1～2回は一緒に食べ、「調子はどう?」といった会話をしていました。

また、親子共通の趣味でランニングをしており、その最中にも塾の話題が出ていました。そのときの話す口ぶりや表情から、どうも次男には長男が通っていた塾は合わないようだ……と、気づけたのです。

社員の場合も、**日頃のコミュニケーションを意図的に取ることで、さまざまなことに気づける**でしょう。

靴下王子の足元経営

・子どもも社員も性格は人それぞれ
・成長しやすい環境は人によって異なる
・社員一人ひとりに最適な環境を見極めるには、日頃の交流が大切

●家も会社も「環境整備」が必要だ

皆さんのお住まいは、アパート、マンションといった集合住宅でしょうか？　それとも一戸建てでしょうか？　もし、現在のお住まいが集合住宅で、これから一戸建てを建てられるなら、大きな子ども部屋を作るのは少し考えものかもしれません。

というのも、私も家を建てるときに子ども部屋を作ったのですが、ほとんど使わずじまいだったからです。二人の息子たちはいつもリビングで勉強しており、寝るときもリビングの横の和室に布団を敷いて寝ていました。

その結果、常に私や妻の目が届くところに子どもたちがいることになりました。だから、子どもたちの様子が何かおかしい……というときに、すぐに気づいて対処することができたのです。せっかく作った子ども部屋は無駄になりましたが、子育てにはむしろ良い環境だったのかもしれません。

子どもたちが帰宅してそのまま2階の子ども部屋に向かうことを心配し、「リビング階段（リビングの中に2階への階段を作る間取り。子どもたちは帰宅すると、必ずリビングを通ることになる）」を取り入れるご家庭もあります。しかし、それでは親子の交流は一瞬すぎて、コミュニケーションも取れず、子どもの小さな変化に気づけないと思います。やはり、親子の交流を大切にし、ささいな変化に気づけるようにすることが大切ではないでしょうか。

環境が働く人の意識を変える

このような経験から、私は**環境が組織（家族も「組織」の一つです）に与える影響は非常に大きいため、その整備が欠かせない**と考えるようになりました。これは会社経営でも同じことが言えます。

たとえば、当社の工場には「編み立て工程（糸を機械にかけて編む工程）」「半製品工程（靴下のつま先を縫い、蒸気を当てて形を整える工程）」「検査および加工工程（不具合がないかチェックし、パッケージに入れる工程）」という三つの工程があります。

それぞれの工程は担当者が異なりますが、すべての工程を同じ建屋内に置くことで、コミュニケーションを阻害する要素を減らすようにしています。何かトラブルが起きればいち早く発見し、解決できるように工場をデザインしているわけです。

このような環境を整備しているため、部門間での報告・連絡・相談もすぐにできます。結果として、それは靴下の品質向上や納期が守れる（すぐに工程遅れを発見・対処できる）といったメリットが生まれています。

反対に、それぞれの工程が別の建物にあったとしたら、本能的にそれぞれの工程が他の工程に対してライバル意識を持ったでしょう。トラブルが発生したときにも、協力して問題を解決するより足を引っ張り合う「縄張り意識」が生まれてしまったかもしれません。

家庭円満も会社のチームワークも、環境に大きく左右されるのです。どうも社内がギクシャクしている、風通しが悪いと思われる場合は、思い切って「模様替え」をしてみるのも一案かもしれません。

靴下王子の足元経営

- 環境は、そこにいる人のコミュニケーションに大きく影響する
- 「お互いの目が届く環境」は協力しやすい
- 社内の風通しが悪いのは環境による悪影響の可能性がある

●親が志望校を決める＝社長が方向性を決める

子どもの進学先を決めるとき、親はどうするべきでしょうか？　私の場合は、息子たちの進学先となる中学校を子どもといっしょに探して決めました。なぜなら、中学受験をする子どもはまだ小学生のため、彼らの知識や能力だけでは「その学校はどのような教育をしているのか」「それが自分に向いているのか」といったことを調査したり、判断したりできないからです。

実際に子どもたちが合格できるかどうかはともかく、私はさまざまな私立中学校の情報を集めました。すると分かってきたのは、意外と進学実績が高くても放任主義の有名校もある、ということでした。反対に、偏差値はそれほど高くなくても、子どもたちの学習を徹底的にサポートして、進学実績を上げている学校もありました。

これらの特長はその学校の卒業生に話を聞いたり、かなりネットで調べたりしなければ分かりません。私はこの情報をもとに、積極的な長男には「先生が放任型の中高一貫校」を選び、タイプの違う次男には「先生がしっかり指導してくれる中高一貫校」を選びました。

結果として、どちらも子どもたちの肌に合ったようで、二人ともぐんぐん学力を伸ばし、東大に現役合格できたわけです。

ところが、**多くの保護者は世間的な評判や名前が通っているかどうかだけで、子どもの進学先を決めがち**のように思われます。その結果、入学した後で「こんなはずではなかった」「子どもの性格に合っていなかった」という結果に直面しないとも限りません。

最終的な責任はすべて社長に

さて、これを会社の経営に置き換えてみましょう。会社の場合、どんな方針で経営したとしても最後は社長が責任を取らなければなりません。決断の結果から生じる責任を、他の誰にも押しつけるわけにはいかないのです。

そのため、社長は世の中の動き・自社の状況・取引先の情報などをすべて把握し、その上で最終的に会社の方針を決めることになります。もちろん社員の意見も聞きますが、最終的に決めるのは社長の仕事です。

前述の例えを使うなら、どこの中学校を受けるのか、さまざまな情報を集めて、最終的に決定する親のような立場だと言えるでしょう。

たとえば、会社の取引先を決めるのも中小企業の社長にとっては重要な仕事です。新たな取引先として、「有名な会社」と「無名な会社」のどちらかを選ばなければならないとしたら、どう判断するべきでしょうか？

有名な会社を名前だけで「ここなら間違いない」「大丈夫」と無条件で信用するのは危険です。「将来的に大量注文しますよ！」とおいしそうな話を持ってきても、大げさな話だったり、一回しか注文しないつもりだったりする可能性もあるからです。

事実、当社以外の多数の同業他社に同じような話を持ちかけていた会社もありました。私自身、このような話にだまされたこともあります。

一方、無名な会社で最初の注文数は少なくても、長い付き合いができる会社もありますす。傾向として、大きすぎることを言う会社・人ほど信頼できないような印象があります。

こういったことから、取引する会社の情報は子どもに受験させる学校選びのように、しっかり調査しなければなりません。それこそ学校の卒業生ならぬ、「その会社と実際に取引したことがある人」の話を直接聞くことが、最も有効だと思います。

靴下王子の足元経営

・最終的な決断は、最終的な責任を負う人が行う
・決断する際には十分な情報を集め、よく分析しなければならない
・表面的な世間の評判や名前だけで判断すると失敗する

●教育熱心で堅実な奈良県の可能性は無限大

実は奈良県は、都道府県別で集計すると東京大学と京都大学の合格者輩出率が全国1位だそうです。合格者数そのものは人口の多い東京が圧倒的ですが、卒業生1000人当たりで見ると奈良県の東大・京大合格者数は約22名。東京の約13名を圧倒的に引き離しているのです（週刊朝日『意外⁉「東大&京大合格者」輩出率№1は奈良！そのワケは…』2017年5月5-12日号より）。

また、貯蓄率も全国1位とのこと。奈良県の各家庭の平均貯蓄額は年間収入額のおよそ4・2倍。これに第2位の京都府がおよそ3・9倍、第3位の千葉県が3・8倍と続きます（女性自身『貯蓄率が高い都道府県ランキング3位千葉、2位京都を抑えた意外な県は？』2022年7月26日・8月2日合併号より）。

これらのデータは、教育熱心でコツコツ型の奈良県の県民性を表すものでしょう。普段は大阪や京都の派手さに隠れて目立ちませんが、この県民性は奈良県の大きな強みだと思います。

私の肌感覚でも、奈良県民は日頃は節約していても教育は別、という人が多いように感じます。**次世代にしっかり投資する姿勢は、今後も奈良県の発展に大きく寄与する**でしょう。

地元密着型の当社にも、物静かなコツコツ型の社員が多いと思います。しかし、それぞれ「やりたいこと」「成し遂げたいこと」は持っています。そこで奈良県の企業らしく社員の教育には投資を惜しみません。

一例を挙げると、奈良県靴下工業協同組合が主催する「靴下ソムリエ」という資格の取得を支援しています。また、全国の機械メーカーに靴下製造に関連する機器の技術勉強にいく場合も、会社経費でサポートしています。

早期教育で社員の「やる気」が伸びる

さて、私も二人の息子の教育にはかなり投資しました。０歳から妻が絵本を読み聞かせ、３歳からは右脳教育に定評のある幼児教室に通わせました。小学３年生から学習塾に通わせましたが、これは子どもたちがある私立中学校の文化祭を見学し、「この学校に行きたい！」と言い出したことがきっかけでした。

また学習塾だけでなく、体操クラブや水泳、絵画教室にも通わせました。特に体操クラブの効果は大きく、勉強するための基礎体力がつきましたし、机に向かうときの姿勢も良くなったと思います。

子どもの教育を通じて実感したのは、早期教育は子どもの意欲を引き出してくれるということです。できることが増えるたびに「もっと、もっと！」と自分から難しい課題に取り組んでいく様子には、本当に感動しました。

実は社員に対しても早期教育が有効です。ものづくりの会社には、入社後3年は見習い（野球でいえば1年は玉拾いのみ）という風習・空気がありがちです。しかし、当社ではやる気のある新入社員には最初からどんどん難しい技術を教え、現場で実践してもらっています。

正直なところ、私が入社した頃は当社にも先輩社員に「技術は盗め」「お前にはまだ早い」と言われるような「技術を隠す文化・教えない文化」がありました。彼らは皆、技術を教えたら自分の仕事がなくなる、奪われてしまうと考えてガードしていたのです。

しかし、私が社長になってから、教えることで自分のレベルも上がること、周囲から尊敬され感謝されること、管理職など上のステップに行けることを説明し、会社の方針として技術を抱え込むことをやめるようにしました。会社は組織であって、決して個人事業ではないからです。

結果、これまでは10年でようやく到達するような技術レベルに、入社後２〜３年で到達する社員も出てきました。まさに**早期教育が社員のやる気を引き出し、急速な成長を可能にした**のです。

靴下王子の足元経営

・堅実に貯金し、教育に投資を惜しまない奈良の県民性は素晴らしい
・早期教育は子どもだけでなく、社員も伸ばしてくれる
・技術を囲い込もうとするベテランには教えるメリットを説明しよう

●不可能と思えることもやり方次第で

もし、あなたの子どもが「プロゲーマーになる！」「ユーチューバーになる！」「アイドルになる！」と言い出したら、たいていの親は止めるでしょう。とうてい実現しない夢のような話だからです。しかし、そういった**壮大な夢や目標を簡単に否定するのは考えもの**です。

私が異業種交流会で知り合った岡野武志（たけし）弁護士は、当時から斬新な営業手法で活躍されていました。弁護士は普通、企業の法律顧問などを複数引き受けることで安定した経営を目指します。

一方、彼はネットでよく検索されるキーワード（例「交通事故　弁護士」など）に対して彼の事務所が上位に表示される「SEO」というテクニックを駆使して、集客を成功させていました。

そんな彼が次に注目したのが、ユーチューブでした。当初から「フォロワー

１００万人を目指す」と言っていたのですが、そのときのフォロワーはわずか１０００人に満たないほどだったのです。つまり、フォロワーの数を現在の１０００倍にする……少しでもＳＮＳで発信したことがある人なら、これがどれほど途方もない目標か実感できるでしょう。

しかし、彼はこの目標をあっさり実現してしまいます。緻密な戦略をもとにトライ＆エラーを繰り返し、データに基づいて配信内容をレベルアップさせた結果でした。一例を挙げると、現在のユーチューブで定番の「質問きてた」という視聴者の質問に答える動画フォーマットを最初に作り上げたのも彼なのです。

そして２０２４年８月現在、彼のユーチューブチャンネルのフォロワー数は１７３万人。ティックトックと合計すると、２００万人以上が彼のＳＮＳをフォローしています。「フォロワー１００万人」という言葉は、単なる夢や願望ではなく実現可能なビジョンだったのでした。

若手の目標を頭から否定してはいけない

私は息子二人が「東大に行きたい」と言ったとき、とても実現するとは思っていませんでした。私自身、それほど勉強が得意ではなかったこともあり、蛙の子は蛙だろう……と内心思っていたのです。

それが二人とも現役で東大合格を果たしてしまったことには、本当に親として学ばされました。自分の子どもの可能性はこれくらいだ、こんなもんだ、と決めつけてはいけないと痛感したのです。

仕事でも、同じように考えるようになりました。**絶対に無理なことはないという発想に変わり、社員からの新商品の開発や新しい取引先の開拓といったチャレンジを後押しするようになった**のです。

私には学歴面で先代社長の父を超えられなかったというコンプレックスがあり、また仕事の面でも父を超えられないかも、という思いがいつも頭にありました。

しかし、最近は自分には自分のスタイルがある、と考えられるようになりました。父はたしかに偉大だったけれども、自分は自分だと思うことで、なんとも言えない重苦しい気持ちが解消されたのです。

そのきっかけは、子どもたちの大学進学であり、異業種交流会での優れた経営者の方たちとの交流でした。一般的に、同族企業で事業承継した社長は守り一辺倒になりがちです。また、自分の業界の殻に閉じこもり、外からの情報を取り入れようとしません。かつての私がまさにそういうタイプでした。

しかし、異業種交流会での他業種の人たちとの交流により、さまざまな考え方を学ぶことができました。特に重要だったのが、**経営では守るだけでなく攻めることも必要**だ、ということです。同族企業の後継者の方には、ぜひ異業種交流会に参加することをおすすめしたいと思います。

靴下王子の足元経営

・無謀に見える目標を頭ごなしに否定してはいけない
・緻密な計画と努力があれば、壮大な目標にも実現の可能性はある
・自分の古い考え方に固執しないためにも、外の情報を受け入れよう

●社員のトリセツ

以前、社長の私には愛想が良いけれども、裏で他の社員をいじめていた社員がいました。そして、あるときから急に退職者が増えたのです。

「社長は好きだけれども……辞めます」という人もいましたし、実際にその社員にいじめられた、と訴えてくれた人もいました。ところが、私は「まさかあの人が……」と、真面目に取り合わなかったのです。

最終的に社内の雰囲気が暗くなり、他の社員にもストレスがかかって工場の生産性まで落ち始めたところで私もようやく気づき、問題の社員の方には辞めてもらうことになりました。

その方は、どうやら支配欲の強い性格だったようでした。**中小企業は組織が小さいので、こういう一部社員の影響が特に大きくなります**。ですから、社長は社内の状況や環境に常に目を配らなければなりません。

最近の社員には「昭和なイベント」が新鮮

そんなこともあり、私は今まで以上に当社の社員を家族同様に大切に思うようになりました。社員にも家族があり、そのすべての人を食べさせていく責任は、社長である私にあるからです。そんな大家族（パート社員の方を含めておよそ50名）でもある当社では、積極的に意見を言い合える距離感の近さを大切にしています。

たとえば、社員と協力会社の方、当社の仕事を家庭の内職で担当されている方たちを招待し、感謝の気持ちを伝えるバーベキュー大会を年1回開催しています。目的は当社に愛着を持ってもらうこと、そして社員同士や普段会えない人たち同士で交流する場を提供することです。

実は、私は内心で「本当は皆こんな昭和時代のようなイベントを嫌がっているかもしれない……」と思っていました。しかし、さまざまな機会や人づてに聞いたところ、参加している社員が意外と楽しみにしてくれていて、当社に愛着を持ってくれるきっかけになっていたことを知り、ホッとしています。

ちなみに、静岡県の株式会社都田（みやこだ）建設という会社では毎週1回、ランチタイムにバーベキューをやっているそうです。ポイントは「1時間」という短時間で準備から片付けまで完結させること、毎回メニューを決め、買い出しをする担当者が変わること。その結果、社員のコミュニケーション能力が向上し、お客さまの要望をうまく引き出せるようになったといいます。

さらに仕事の段取りまで良くなったらしいのですが、これはイベントを仕切る経験が仕事の段取り力アップにつながったのでしょう。結果として、同社の建設する住宅は大人気だそうです。

私が参加している異業種交流会でも、**伸びている会社はほとんどが社員旅行をやっており、社員の士気が上がるなどの効果を実感している**そうです。最近では大手企業でも「運動会」が復活するなど、このような交流の場でのつながりを最近の社員は求めているのかもしれません。

靴下王子の足元経営

・「社内の人間関係」という「社内環境」に気を配るのは社長の仕事
・社員と関係者で集まるイベントは意外とみんな楽しんでいる
・伸びる会社はバーベキューや運動会などを経営に活かしている

●「好意の返報性」を意識しよう

「経営の神様」といわれるパナソニック創業者の松下幸之助翁は、誰がどんなアイデアを持ってきても、まず一言目に「それは面白い！」と評価したそうです。それから、具体的な実現方法などについて問いかけ、「また検討が進んだら教えてほしい」と締めくくったと言われています。

内心では疑問を感じるような微妙なアイデアでも、**とにかく「ほめる」ようにしていると経営者は周囲の人に心理的な安心感を与える**ことができます。逆に「つまらない」「できるわけがない」「そんなことは俺も考えた」といった否定的な評価ばかりしていたら、周囲の人は萎縮し、経営者にアイデアを提案しようとは思わなくなるでしょう。

だからこそ、経営者は「好意の返報性」を意識し、社員とコミュニケーションしなければなりません。この「好意の返報性」とは、相手に好意を伝えると、好意的な反応が返ってくるという心理学用語です。反対に敵意を伝えると敵意が返ってくるので、単に「返報性の法則」と言われることもあります。

活躍した社員を盛大に表彰する

この好意の返報性を利用する一例が、社内での表彰です。つまり、**高く評価することで、さらに仕事に力を入れようという意欲を持ってもらう**わけです。たとえば当社の場合、大ヒットした商品があれば、社員の前で開発担当者をほめます。すると、開発担当者は喜び、次の商品開発への意欲が生まれます。

実は、意外と社内の技術者は開発した商品の客先での評価や売れ行きを知りません。工場にずっといるので接点がなく、社外でどういう評価を受けているのか分からないのです。

破れにくいことが高く評価された当社のサッカー用靴下も、開発担当者は商品のレビューを見ていませんでした。そのため、せっかくの「もうこれしかはけない！」といったお客さまの喜びの声も知りませんでしたから、私から伝えたのです。

特に、自社ブランドではなくＯＥＭ商品の場合は情報が入ってこないので、相手先ブランドとの接点のある私や営業担当者がＯＥＭ先の声を聞き、それを社内に伝えるようにしています。

もちろん、良い評価だけでなく悪い評価もありますが、どちらにしても次の靴下の開発につながるので、社内に伝える義務があると思っています。

当社に限らず、ものづくりの会社は新製品を開発する技術者ありきです。彼ら・彼女らは会社を支える足元であり、宝だと考えるべきでしょう。当社の靴下作りの開発力は日本一だと思っていますが、今後もさらに力をつけていきたいと思います。

靴下王子の足元経営

・アイデアをどんどん持ってこさせるには、まず「ほめる」ことが大事
・好意には好意が返ってくるように、評価することで意欲が生まれる
・社外からの評価は社長自身が情報収集し、積極的に社内に伝えよう

第4章

3代目や後継者が直面するこんな問題

●いきなり先代社長と違うことをするのは危険

事業承継の失敗例といえば、やはり今でも「大塚家具」の名前が多くの人の頭に浮かぶでしょう。２０１４年、同社の２代目社長が父親である創業社長に解任されました。そして、２０１５年の株主総会で今度は創業社長が解任され、娘である2代目社長が復帰したのです。

しかし、同社の業績は悪化し続け、２０１９年に家電量販店の株式会社ヤマダデンキの子会社化、２０２２年には吸収合併されました。その後、2代目社長はすべての役職から辞任し、同社の経営から完全に退場しています。

内部事情に詳しいわけではありませんが、同社の2代目社長は後継者によくある失敗をしてしまったのではないかと私は考えています。つまり、**「創業者が築いたビジネスモデルをいきなり大きく変えてしまう」という失敗**です。

大塚家具は高価格帯の家具を会員制による丁寧な接客で販売するビジネスモデ

ルでした。しかし、２代目社長は同社の特長である会員制を廃止し、家具の価格帯もかなり引き下げたと報道されています。

私の経験からすると、これはかなりの確率で失敗します。なぜなら、取引先や金融機関、何より社員がついてこないからです。私はこれを「社内の壁」「社外の壁」と呼んでいます。

後継者が直面する「社内の壁」と「社外の壁」

私が25歳で現在の会社に入社したときも、この二つの壁に直面しました。たとえば、社長の息子だからといって、漫画やドラマのように社員からチヤホヤされるわけではありません。

「こういうものを作りたい」という提案をしても、「なんでそんなことをしなければならないんですか？　社長の指示ならともかく」と言われたこともあります。特に技術系の社員は手厳しく、話を聞いてもらうまでに入社から3年ほどかかりました。

社長になったときも、社員が不安を感じていることは肌で感じていました。社員は全員が先代社長のやり方に慣れ親しんできた人たちです。それで経営や自分の生活が安定していたのですから、新しい社長を不安に思うのは当然でしょう。会社の将来が心配だから、と退職した人もいました。

ですから、私は入社したときも社長になったときも、**小さな成功体験を積み上げ、理解を得ることを心がけました**。テストを繰り返して、これなら確実にいけると納得できるような進め方をしないと、社員は強い不安を感じ反発してくるからです。これが「社内の壁」の正体と対策でした。

また、**取引先や金融機関も、後継ぎの社長を不安視している**ものです。先代社長の方法で今まで成功しているのだから、まずは同じようにやってほしいと考えています。これが「社外の壁」です。

だから、後継者の社長はいきなり取引先や金融機関に**新しい提案をする前に、先代社長と同じやり方をして人間関係を構築するのが先決**です。安心感を持ってもらってから、新しい提案をすれば聞く耳を持ってもらえます。

そんなわけで、私は大塚家具のニュースを見るたびに「まずいやり方だな」と感じていました。おそらく、先代社長である父親へのリスペクトがなかったのでしょう。それでは社員もついてきてくれません。

先代のやり方に疑問があるなら後継者になるのではなく、自分で起業すればよかったと思います。父の築いた基盤に頼りながら、自分のスタイルを押し通すのはスタートが間違っていると感じました。

また、時代は変わっていきますが「こだわりの家具」や「こだわりの靴下」を求める人は確実に存在し続けます。そして、そんな人たちを相手に商売するのが、日本のものづくりで生き残っていく一つの方法だと私は考えています。

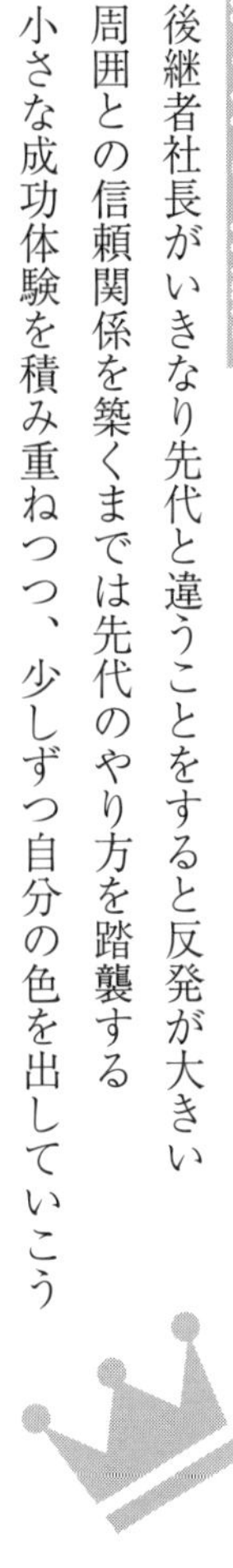

靴下王子の足元経営

- 後継者社長がいきなり先代と違うことをすると反発が大きい
- 周囲との信頼関係を築くまでは先代のやり方を踏襲する
- 小さな成功体験を積み重ねつつ、少しずつ自分の色を出していこう

●3代目社長の「活かす」経営

ことわざに「三代続けば末代続く」というものがあります。創業者が苦労して始めた商売も3代目でつぶれることが多く、その狭き門をくぐり抜けたところだけが長く続く……という意味です。

高級アウトドア用品メーカーの株式会社スノーピークは、1958年に新潟県で創業者が始めた金物問屋と登山用具作りを起源とする企業です。そして、2代目がキャンプ用品へと事業を拡大させ、新型コロナウイルス感染症の拡大をきっかけとしたキャンプブームなどもあり飛躍的に売上を伸ばしました。

ところが、2020年に社長を継いだ3代目が2022年に不倫で辞任してしまいます。キャンプブームも陰りを見せ、16期連続増収を誇っていた同社は2023年の純利益が前年の99・9％減となってしまいました。

さらに、2024年1～3月期には純損失5億1300万円と赤字に転落してしまっています。現在、２代目社長が再登板して立て直しを図っているようですが、今後も厳しい状況が続きそうです。

先代の築いたものを捨ててはいけない！

このような話を見聞きすると、やはり**３代目社長ともなると創業者や２代目社長の苦労に想いが至らなくなる**のか……と自分自身の姿勢を正される気持ちになります。

ただ、私は創業者である祖父と同居していたので、子どもの頃から創業当時の話をよく聞かされていました。売上より借金が多く、新しい取引先を一つ見つけるのにも大変な苦労をしていたそうです。そもそも、靴下を作るための糸を仕入れるのも難しく、なんとか糸を仕入れることさえできれば儲かった……という話も聞きました。

２代目である父の経営を一言で表現すると、「堅実経営」です。初代からの取引先との仕事を増やしつつ、同時に新しい取引先を見つけていきました。１９８０

年代～2000年代は日本製靴下の全盛期です。靴下だけでなく、あらゆる商品・サービスの売上が、黙っていてもある程度伸びていた時代でした。

そして3代目である私の時代に起きたのが、あらゆる製造業における海外生産への一大シフトでした。海外生産の圧倒的な人件費の安さに押され、多くの靴下メーカーが海外進出か廃業かを迫られることになりました。

当社でも、苦労して開発した靴下をある取引先が高く評価してくれたにもかかわらず、正式な生産注文をなかなかいただけないということがありました。おかしいな……と思っていたら、なんとその取引先はまったく同じものを海外で生産していたのです。今から思い出しても、つらい経験でした。

それでも、当社は「国産によるものづくり」にこだわって生き残ってきました。売上が落ちても、ここがブレることはありませんでした。

それは**創業者と先代が培った技術は、海外工場が簡単にまねできるものではないと思っていた**からです。同時に、創業者と先代の技術的・資産的遺産を活かして開発した新製品も大きな支えになりました。そして、今はまた日本製靴下が見直される時代になりつつあります。

取引をしている銀行の方によると、体感として創業から10年続く会社は１割ほどだそうです。だからこそ、銀行の審査でも業歴は最も重視され、業歴が長い会社は信用度が高くなります。つまり、２代目・３代目経営者は融資を受ける上で大きな優位性があるのです。

このように、徒手空拳で事業を始めなければならない創業者に比べて２代目、３代目社長には技術と信用、資本の蓄積があります。これらを活かさない手はありません。私はひたすら守りを固めることしか頭にない後継社長に、「１代目は創業・２代目は発展・３代目は活用」という言葉を贈りたいと思います。

靴下王子の足元経営

・創業者や先代の苦労を知っておくことが経営者として役立つ
・後継者は過去の遺産を経営に活かすことを考えよう
・先代の築いたものは、攻めにも使うことができる

●今、中小企業に必要なアイデア力

1990年、「初恋ダイエットスリッパ」という奇抜な商品名で55億円もの売上を上げたスリッパをご存じでしょうか？　これは通常のスリッパのかかと部分が切り落とされており、常にふくらはぎが鍛えられるというもの。熊本県の主婦である中沢信子さんという方が開発しました。実はこのエピソードの中に、中小企業に必要なアイデア力の秘密が隠されています。それは、はくだけでダイエット効果が期待できる「新商品」であり、さらに記憶に残りやすいネーミングという「営業上の工夫」があることです。

多くの中小企業は新商品開発や新規ビジネスに乗り出しても、「初恋ダイエットスリッパ」のようなアイデア力を備えていないために、失敗しているのではないか……と私は考えています。

「新商品」×「販売の工夫」＝有効なアイデア

中小企業に必要な**アイデア力とは、「新商品」と「販売の工夫」を兼ね備えたものです。**言い換えれば**この両方が揃わなければ、有効なアイデアとは呼べない**のです。当社の事例を使って、このことをご説明しましょう。

今から15年ほど前のことです。当社のような靴下メーカーにとって、ＯＥＭだけでなくオリジナルブランドを立ち上げることは最重要課題でした。どんどん輸入品が増えることでＯＥＭ製品の価格帯が引き下げられ、いずれ対応できなくなることが目に見えていたからです。

そこで当社が目をつけたのが、子どものスポーツ用靴下でした。まず、当社のオリジナルブランド商品がＯＥＭ先の商品と重複してはＯＥＭ先に迷惑がかかります。そのことを避ける必要があったのですが、当社のＯＥＭ商品の多くは高齢女性向けのものであり、スポーツ分野はまったくありませんでした。子どものスポーツ用靴下はこの条件にピッタリだったのです。

さらに、当社は靴下製造の技術はありましたが、デザイン力はあまり持っていませんでした。なぜなら、ファッショナブルな靴下を作り出すデザイナーはOEM先が抱えており、その人たちのデザインに従って、当社が靴下を製造するという仕組みだったからです。

その点、子どものスポーツ用靴下にはそれほどデザイン性は求められません。求められているのは、「破れにくい」という耐久性であり、それは当社の得意とするところでした。

実際、スポーツをする子どもたちの保護者は、既存のスポーツ用靴下の破れやすさに悩んでいることが分かっていました。ネットなどで検索すると、野球やサッカーをしている子どもたちの靴下が、それこそ買って1~2回使っただけで穴が開いたという声もあったのです。

1足1000円くらいはするスポーツ用靴下をそんな高い頻度で買い換えるのは大変です。やむなく開いた穴を糸で繕ったり、左右反対にはいてしのいだり……という声もありました。

そこで当社は、「1か月以内に指先部分が破れたら新品と交換」の靴下を開発したのです。これはまさに靴下を何度も買い替えるのはもったいない……という保護者のニーズに応えた新商品でした。

しかし、新商品だけでは真のアイデアとは言えません。このプロジェクトが**真のアイデアになったのは、インターネット店舗という「販売の工夫」を編み出したおかげ**でした。

正直なところ、当時の当社に店舗を出すほどの資金力やノウハウはありませんでした。それこそ、東京・銀座の一等地などにお店を出すのは大変なリスクがあります。

しかし、インターネット専売であれば店舗は不要になります。販売管理費も抑えられるため、高品質にもかかわらず商品価格を抑えることができました。一時は「スポーツ　５本指　破れない　靴下」というキーワードで、当社の販売サイトが検索エンジンのトップに表示されるほどのヒットでした。こうして、当社はオリジナルブランドという新たな収益の柱を手に入れたのです。

このように新規事業を成功させるアイデアには新商品だけでなく、その新商品を販売する工夫も必要です。冒頭の「初恋ダイエットスリッパ」も、「ダイエットスリッパ」のようなありふれた名前ではヒットしなかったでしょう。「初恋」という覚えやすく、インパクトのあるネーミングのおかげで若い頃の細い足を顧客にイメージさせ、口コミが発生しやすくなりました。このような**販売の工夫がない新商品は「アイデア倒れ」になる可能性が高い**と思います。

当社のナマズ養殖という新規事業も同じです。そのため、養殖が成功する前からＳＮＳを活用して認知度を高め、販売ルートの開拓に積極的に取り組んでいるのです。

靴下王子の足元経営

・新規事業のためのアイデアには「新商品」と「販売の工夫」が必要
・新商品のヒントはお客さまの声の中にある
・販売の工夫とは、お金をかけなくても売れる仕組みのことである

●中小企業こそ必要なギバーズゲインの精神

私が尊敬している経営者の一人に、テクノエイト株式会社代表取締役社長の森武史さんがいます。彼はシャンプーをはじめとした美容商品の開発・販売で大成功されており、彼の会社の商品を扱うこと自体が美容室にとってブランドになっているほどです。なぜなら、彼のブランド「ｏｇｇｉ　ｏｔｔｏ（オッジィオット）」が美容意識の高い女性たちに大人気だからです。

さて、森社長と出会って驚いたことは、惜しみなく自分の持っている情報を周囲に与え、協力しようとする姿勢でした。まさに彼は生粋の「ギバー（与える人）」だったのです。

初めて彼に出会ったのは、一緒にゴルフをしたときでした。そのときから「業界のキーマンをご紹介しますよ。私も同席します」「運用に使っている証券会社の担当を紹介しますよ」といった具合に、いずれも本当に私のことを考えて貴重な情報や人脈を分けてくださったのです。

その後、ご紹介いただだいた人脈や不動産会社、証券会社から、私は大きな利益を得ることができました。そのことをご報告したときも、そこに一切見返りを求める態度や恩着せがましさを感じなかったのです。

彼から学んだのは、**「ギブ（他人に与えること）」の大切さ**です。自分から惜しげもなくギブする森社長だからこそ、周囲から信頼され、成功もされるのだと感じました。そうすることで、周りからもどんどん応援されるのです。もちろん、私も彼の応援団の一人です。

中小企業にできるギブとは

この「与える者が与えられる」という世の中の一つの真理を、「ギバーズゲイン」といいます。実はこの精神は、中小企業経営にこそ必要なものではないでしょうか？

実際、当社はＯＥＭ先への積極的なギブを意識しています。**信頼できるＯＥＭ**

先に自社の研究開発の成果（社外秘）を伝え、新しい商品開発のヒントにしていただいているのです。

すると、ＯＥＭ先は自社のデザイン力や販売力を活かして新商品を開発し、当社はそれを技術力でサポートする共存共栄の関係が生まれます。お互いの会社がそれぞれ持っている強みを活かす仕組み、とも言えるでしょう。こういう活動は長期的にＯＥＭ先からのリピート受注につながり、まさにギバーズゲインが実現します。

このような考え方から、当社は長く付き合えるＯＥＭ先を大事にしています。反対に、自分たちだけ良ければいいと考えるＯＥＭ先とは、なるべく付き合わないようにしています。

ＯＥＭ先の経営者の中には「御社のことは下請けではなく、仲間だと思っています。一緒にやりましょう」と言ってくださる方もいます。そういう会社と付き合うことで、中小企業は継続できるのではないでしょうか？

ギバーズゲインという言葉通り、与えられるばかりだと関係は続きません。中小企業側が持っているものを持っていない会社に与え、先方の会社から中小企業側が持っていない強みを与えてもらう。そんなお互いに足りないものを補い合う関係が理想でしょう。

私の会社の場合であれば、「品質・納期・開発力」を提供し、「デザイン力・販売網」を持つ会社と補完し合っているわけです。

靴下王子の足元経営

・周囲に与える人ほど豊かになっている
・中小企業経営も「ギバーズゲイン」の考え方が重要
・企業はお互いの強みや弱みを補完することで理想的な関係を築ける

●「本気の覚悟」が試される

今、会社経営者の平均年齢は60・５歳だそうです（帝国データバンクの全国「社長年齢」分析調査〈２０２３年〉より）。この数字は33年間上がり続けており、その一因は多くの企業で経営者の若返り（＝後継者への引き継ぎ）が進んでいないことだと思います。

実際、**中小企業の事業承継は非常に難しい**ものです。私の知っている範囲でも、次のような事例がありました。ある会社の社長が、大手電機メーカーに勤める息子に後継者として戻ってきてほしいと頼み込み、入社してもらったのです。

ところが、息子が新商品の開発や新規の取引先獲得のために、新しい製造装置の導入などを提案しても、「ダメだ！」と一喝して却下してしまうようなことがたびたびありました。

結局、この会社はしばらくして倒産してしまいました。たしかに新しい製造装置の導入にはリスクがあります。しかし、それによって得られるチャンスに耳を貸さず、頭ごなしに否定したのは社長の失敗だったと思います。それは会社が立ち直るための唯一の機会だったかもしれないのです。

受け継がせる側に求められる「覚悟」

たしかに後継者には、経験豊富な先代社長からすれば危なっかしく見えるところが多いでしょう。しかし、「こうでなければダメだ！」とやることなすこと否定していては、後継者は会社にいられません。

結局、先代社長と考え方が合わず、会社を辞めてしまう後継者社長の話はよく聞きます。ですから、私は**後継者を決めたならば後継者に任せる覚悟を、受け継がせる側の社長が固めるべき**だと考えています。

その点、私は幸運でした。入社してから最初の5年間を現場で過ごした後、百貨店の靴下コーナーを回り、OEM先からもさまざまな情報を集めていた私には、さまざまなアイデアがありました。

そこで、「こういう商品を作りましょう」「こういう機械を導入しましょう」という提案を次々に行ったのです。先代社長である父は、それらの提案に一切反対せず、思うようにやらせてくれました。

一例を挙げると、通常の２次元の模様ではなく、３次元の立体的な模様を織ることができる靴下編み機をイタリアから導入したことです。この機械でかわいいキャラクター（例：クマやウサギなど）の口や耳を靴下から飛び出すような形にすることができ、子どもたちに大人気の商品になりました。

このイタリアの機械はまだ日本に導入されていないものだったので、それを購入することはかなりの挑戦でした。しかし、こういった挑戦は若いときでなければなかなかできません。社長を継いでからやろうと思っても、逆にチャレンジできなかったりするものなのです。

社長になった後はすべて一人で決断しなければならないので、思い切った挑戦をした経験がないと、ついつい守りに入りがちです。そうして時代の変化に対応できなかったり、対応が遅れたりする経営者になってしまうのです。私がナマズ養殖のような新しいチャレンジにも取り組めるのは、若いうちにさまざまな経験を積めるよう、先代社長の父が応援してくれたおかげだと思います。

子どもを後継者にしようと考えている社長には、せっかく覚悟を持って入ってきてくれる後継者をつぶさないようにしてほしいと思います。**経営者であれば、後継者のある程度の失敗はカバーできる**はずです。自分の狭い庭だけに囲おうとはせず、あえてチャレンジすることも応援してあげてください。

靴下王子の足元経営

・後継者の意見やアイデアを頭ごなしに否定してはいけない
・チャレンジさせることは後継者が経営者になったときの財産になる
・会社を受け継がせる側に求められるのは「見守り、応援する覚悟」

●「これは手放せない」の一言で疲れが吹き飛ぶ

日本の多くのトイレに取り付けられている「温水洗浄便座」。一般世帯普及率は２０２３年時点で81・７％（内閣府調べ）です。海外旅行に便利な携帯用のおしり洗浄器まで販売されるなど、多くの人にとって欠かせない製品になっています。

しかし、日本中に温水洗浄便座を普及させたＴＯＴＯ株式会社の「ウォシュレット」を開発する道のりは平坦ではありませんでした。たとえば、ノズルから水を出して洗う角度は43度。この微妙な角度を決めるため、同社では何百人もの社員が実験に協力したそうです。

さらに、洗浄水を適切な温度にするため、氷のような冷水から飛び上がるほど熱いお湯まで試し、現在の38℃という標準値を導き出しました（冷水やお湯を試した社員の方は、本当に大変だったでしょう）。

このような努力の結果、「ウォシュレットがない生活なんて考えられない」とお客さまに言ってもらえるようになったのです。私は、ここに「ものづくり」の究極の喜びがあると思います。

ものづくりの会社において最も大切な「価値観」

靴下作りの現場でも、お客さまから「ずっと買い続けます！」という声をいただいたとき、うれしい気持ちで心がいっぱいになります。

皆さんもたくさんの靴下をお持ちでしょう。けれども、いつも選ぶのはお気に入りのはき心地の良い靴下ではないでしょうか？　そんな理想の靴下を作るため、私も社員も24時間３６５日、考え続けています。

新しい靴下を開発するたびに、大勢の人に試してもらっています。また、不具合が見つかれば、何度も改良を繰り返します。たった一足の靴下が世の中に出るまでに、膨大な時間とお金と労力がかかります。

しかし、**理想の商品ができたときの喜び、自分たちが頭の中に描いたものが実**

際に出来上がったときの喜び、そして何より、お客さまの「これはもう手放せない！」という喜びの言葉ですべての苦労が吹き飛ぶのです。

当社の社員は皆、この一言のために努力しています。そんな社内文化は創業者の祖父が、さらに2代目の父が築き上げてきたものと言えるでしょう。３代目の私にとって、この価値観をこれから受け継ぎ、同じ価値観を持つ社員を育てることはとても大切な仕事だと思っています。

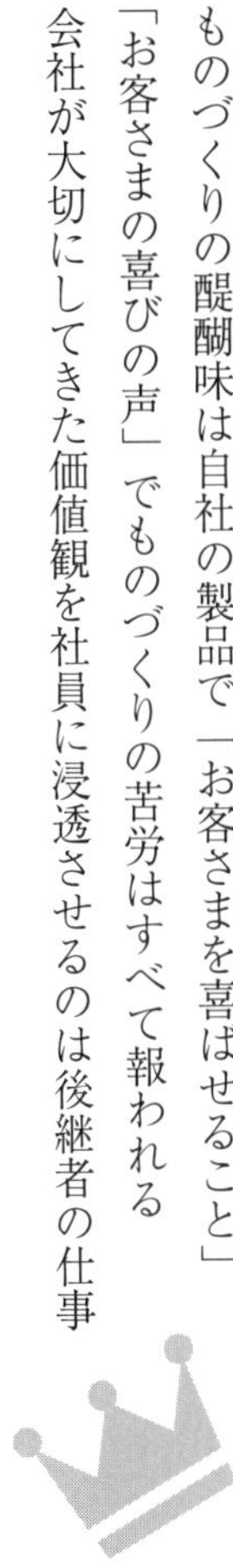

靴下王子の足元経営

- ものづくりの醍醐味は自社の製品で「お客さまを喜ばせること」
- 「お客さまの喜びの声」でものづくりの苦労はすべて報われる
- 会社が大切にしてきた価値観を社員に浸透させるのは後継者の仕事

●下積み経験が未来を切り開く

投資家のホリエモン、堀江貴文さんが著書『多動力』（幻冬舎）で、「寿司職人が修業に何年も費やすのは貴重な時間の無駄遣い」と提言し、大きな反響を呼んだことがあります。実際、寿司職人の世界には「飯炊き3年、握り8年」という言葉があるほどで、最低でも10年以上修業しなければ一人前になれないと考えられてきました。

しかし、ホリエモンは「必要な技術は数か月で学べる」と主張しました。そして、現実にある寿司職人が寿司学校で3か月勉強しただけで、ミシュランの星を獲得した事例を挙げたのです。

私自身も、「10年は下積み」「見て覚えろ」「技術は盗め」という考え方は現代のスピード感に合わないと思います。当社の工場でもやる気とセンスのある若手を積極的に教育し、どんどん実力を伸ばしてもらうようにしています。

ただ、それとは別に「下積み的な経験」を通じて「現場の実態」「各製造工程の詳細」「機械の仕組み」といった**基本的な部分を身につけることは、実力を高く伸ばすためには欠かせない**と考えています。いわば、深く大きな根を張って初めて、大木になれるようなものです。

編み立て機の「分解・改造」までやってみた

大層なことを言いましたが、実は私も偉そうなことは言えません。勤めていた銀行を退職してこの会社に入社したときには、「後継者なのだから下積みなどせず、最初から事務所に入って社長の補佐をするのだろう」と思っていたからです。

ところが、父である先代社長に命じられたのは「編み立て」の現場に入ることでした。糸から靴下の生地を編み上げる製造の要になる工程です。その次に入ったのが、「検査・加工」の現場でした。さらに「半製品」の現場でミシンを踏み、外注メーカーに靴下の仕上げ工程を習いに行きました。

なかでも記憶に残っているのが、編み立て機の改造をする工場で修業させてもらったことです。この工場の仕事は、編み立て機内部の部品を加工・交換して、さまざまな特殊な編み方ができるように改造することでした。

今ではコンピューターで数値を変えれば簡単にできることですが、当時は編み立て機の編み針を刺す深さを変えるだけでも、機械本体を改造しなければならなかったのです。

その工場の社長はとても厳しい人で、「仕事が終わるまで帰るな！」とよく言われました。私はあまり器用ではないので、機械油でドロドロになりながら夜通し作業したものです。おかげで、編み立て機の構造がよく理解できました。

このように5年間、靴下作りを根本から学んだ後は、先にも述べたように先代社長にいろいろなアイデアや提案を取り入れてもらいました。逆に、この5年間があったからこそ、さまざまなアイデアが出たのだと思います。

今でも、**現場の経験がなかったらOEM先や自社ブランド製品について具体的なアイデアやイメージはできていない**でしょう。たとえば、「子ども用スポーツ靴下」の開発には「編み立て現場」で作業したことが活かされました。

当社の「破れない靴下」には、防弾チョッキにも使われる非常に高価で耐久性の高い繊維を使っています。ですから、もし靴下全体やつま先全体をこの繊維で作ったら、とんでもない価格になってしまいます。

そこで、穴が開きやすいつま先の中の「爪が当たる部分」だけにこの繊維を使っています。この非常に硬くて織りにくい繊維をうまく位置を調整しながら織り込む方法も、この下積み経験のおかげで開発できたのです。

やはり**ものづくりメーカーは、経営者が技術の根本を知らないと良い製品は作れない**と思います。さらに、経営者はこのような下積みを経験すると自社の強みがよく分かるようになり、他社とどのように差別化するかも分かるのです。

靴下王子の足元経営

・時代のスピード感に合わせて、技術はどんどん学べるようにすべき
・ものづくりの会社の経営者は、自社のものづくりの根本を学ぼう
・下積み経験は知識を身につけ、アイデアを生み出すチャンス

●経営数字に強くなれ

一時期は下火になっていたゴルフが、最近少しずつブームになっているようです。週刊ダイヤモンド2024年5月18日号の特集「ゴルフ場ランキング2024」によれば、2022年には2000年以降で過去最多となる1053万人がゴルフ場を訪れたとのこと。私もゴルフファンとして、新しいプレイヤーが増えるのは大歓迎です。

さて、そんなゴルフの世界には「練習場番長」と呼ばれる人がいます。これは練習場ではうまく打てるけれども、実際のコースでは全然ダメな人のこと。本物のコースは傾斜面やバンカーがある上、風向きも常に変わるため練習場とまったく勝手が違います。やはりゴルフがうまくなるためには、本物のコースに出る必要があるわけです。

「自社の数字」が一番学びになる

これと同じことが言えるのが、会社の経営数字です。私は当社に入社する前の3年間、銀行員をやっていました。当時、さまざまな会社の決算数字を見ていましたが、まず見るのは「売上と経費のバランス」でした。

売上から経費を引いた数字が利益ですから、このバランスを見ることで、どうやって利益を出しているのかを判断することができます。一般的に、まずは売上を上げようと考えますが、それができない場合は経費をどこで圧縮するかを模索していくわけです。

しかし、**いくら他社の数字や本で勉強しても、自社の経営に役立つような「数字に対する強さ」は身につきません**でした。いくら「決算書はこう読め」といった本を読んでも、自社の実態はつかめないのです。

結局、自社の数字を見て、どうしよう、こうしようと考えることが、一番数字を見る力が身につく方法でした。書籍に載っているのは業種も売上も従業員数も違う会社の数字であり、表面的なことだけだからです。

逆に、**自社の数字を見てから本を読めば役に立ちます**。本が解説してくれることで、自社がどういう状況なのかを判断できるのです。後継者になる人は、なるべく早い段階で自社のリアルな数字に触れるべきだと思います。

社長が会社の数字を握っていて、後継者がそれを知らされていないことはよくあります。現場や営業は後継者に任せているが、資金繰りだけは社長が握っている、というパターンです。

だから、後継者になる人は会社の数字に強くなるためにも、まずは社長に会社の数字を見せてくれ、と言うところから始めましょう。

会社の数字は月次で出てきます。そこで状況を判断して、まずいところがあれば手を打っていくわけです。患者の病気を早めに見つけるお医者さんのようなイメージでしょうか。

ここで気づくのが遅れると、「手遅れ(=倒産)」につながると考えてください。特に先に述べた「社長が数字を握って後継者に教えない会社」は、突然倒産しがちなので注意が必要です。

靴下王子の足元経営

・自社の経営数字を見なければ数字に強くなれない
・自社の経営数字を見た後で、関連書籍を読むと理解が深まる
・常に「数字」で経営状況を把握していないと、最悪の事態を招く

第

章

地元に愛されない中小企業は生き残れない

●地域と交流する2大メリット

先日、ドライブをしていると「ワケあり冷凍ピザを格安販売！」という看板を掲げた食品工場を見かけました。あとで聞いた話ですが、月に一度、工場の敷地内で直売会をしているそうです。しかも毎回、地元の人たちでかなり賑わうとのことでした。

これは想像ですが、冷凍ピザを生産している工場で月に一度直売会をしても、ほとんど利益は出ないと思います。むしろ、さまざまな経費を考えれば赤字かもしれません。

しかし、この工場はもう何年も直売会を続けているそうです。おそらく、そこには「地域の人と交流して愛される工場になる」という目的があるのでしょう。

なぜなら、**中小企業にとって地域の人たちと交流することには、大きなメリットがある**からです。

そのメリットの一つは、「売上アップ」です。まず、工場で生産している製品は、地元のスーパーや個人商店に並ぶことも当然あります。同じような商品が同じような価格で並んでいるとき、全国的に有名なメーカーの品と地元の知っているメーカーの品だったら、どちらを買うでしょうか？

特にこだわりがなければ、知っている地元のメーカー品を選びたくなるのが人情だと思います。そういった**小さな支持が積もり積もれば、売上に大きな影響を与える**でしょう。

このことの実例として、静岡県富士宮市に住んでいる知り合いから次のような話を聞きました。富士宮市のスーパーで最も売れる焼きそば麺は、全国的に有名な「マルちゃん焼きそば」（東洋水産株式会社）ではないらしいのです。

圧倒的に地元ブランドの「マルモ」（有限会社マルモ食品工業）と「めんの叶屋」（株式会社叶屋）の焼きそば麺が売れている、ということでした。この2社が地域と交流するイベントをしているかどうかまでは分かりませんが、地元で知られることにはこんな「売上アップ」という明確なメリットがあるのです。

学校の先生に知ってもらうことも重要

もう一つのメリットは、**地元で知る人が増えれば採用につながる**ということです。全国から応募者が殺到する大企業と異なり、地方の中小企業の採用は地元が9割以上です。

だからこそ、地域に住む子どもの親兄弟、学校の先生に名前を知られることは重要です。名前や良い評判を少しでも耳にしてくれていれば、それだけ就職先として紹介されたり、後押しされたりする可能性が高まるからです。

逆にまったく名前を知られていない場合、「本当に大丈夫なのか？」「ちゃんとした会社なのか」と就職を反対されかねません。

このような理由から、当社ではさまざまな外部との交流活動を行っています。詳しくは後に述べますが、特に力を入れているのが地域の小学生や住人の方を対象にした工場見学会であり、年4～5回開催しています。

この工場見学会は、ＯＥＭ先のデザイナー・新入社員・販売員を対象に行うこともあります。バスで一度に100～200名が訪れることもあり、製造工程や当社の靴下の特長などについて説明しています。この体験が新製品の開発や販売の現場で役に立った、という感想をいただいています。

現在取り組んでいるナマズ養殖も、地域との接点として活用しています。2024年5月にはSNSで告知し、ナマズのエサやり体験会を実施しました。およそ10名の親子が集まり、小さい子どもたちに直接ナマズに触れてもらいました。ナマズがエサと間違えて、子どもたちの指に食いついてきたりして、なかなかのスリルを感じてもらえたようです。

靴下王子の足元経営

- 中小企業は費用をかけてでも、地域との交流の機会を持つべき
- 地元での知名度アップで「売上アップ」「採用への好影響」というメリットも
- ナマズ養殖も新たな地域との接点として活用を始めている

●工場見学で喜ぶ小学生

全世界興行収入1000億円超えの映画『パイレーツ・オブ・カリビアン』シリーズの主役ジャック・スパロウを演じた俳優、ジョニー・デップをご存知でしょうか？　彼が出演した映画の中に、『チャーリーとチョコレート工場』という作品があります。

この映画のジョニー・デップは、子どもたちに大人気のチョコレートを作る会社の社長です。彼はあるとき、子どもたちを自分のチョコレート工場に招待します。そこはとても不思議なチョコレート工場で……というお話なのですが、詳細は実際にご覧になってみてください。私も靴下工場に子どもたちを招待しているので、この映画のことを紹介させていただきました。

さて、**小学生の工場見学受け入れは、当社における「地元密着経営」の柱の一つ**です。その概要は次のようになります。

年4～5回ほど行われ、最近の参加者は1回30人前後。年間およそ100名の子どもたちを受け入れています。来てくれた子どもたちをグループ分けして、当社の社員が工場内を付き添って解説していきます。

普通の工場では立入禁止になっているような、数百台の機械が並ぶ編み立て場から縫製場、検査加工場までコースに含まれています。そのため、「編み立て↓返し（裏返す）↓つま先を縫う↓返し（裏返す）↓検査↓仕上げ」という靴下作りの六つの工程をすべて見ることができます。

実のところ、靴下作りの工程は一般の方にはあまり知られていません。機械が次から次へと自動的に作ってくれると思ってい

ずらりと並ぶ編み立て機

る方も多いのではないでしょうか？　ところが機械で作れるのは、長くダブダブの筒のような靴下の原型までなのです。

これに熱を加えて整形・収縮し、人間の手でつま先などを縫い合わせます。この部分は非常に繊細な手作業であり、見学してくださった方は皆、「もっと靴下を大切に扱おうと思った」と言ってくれます。「将来はこの会社で働きたい！」と言ってくれる子どもたちもいます。

「お父さんも小学生のときに来たんだって！」と言われる工場見学

このほかにも、靴下の検査体験というメニューも用意しています。あえて不良品を作っておいて、三つの靴下から不良品のダメな部分を見つけてもらう参加型の内容です。

見学会が終わったら、靴下を一人3足プレゼントしています。それを手にしたお母さんが気に入り、この靴下を売ってくれないかと問い合わせが来たこともありました。

小学生の見学受け入れは先代社長の頃から40年以上続けているので、これまでの参加者は合計１万人近くになります。見学に来た子どもたちから、「うちのお父さんも小学生のときに来たことがあるって！」と教えてもらったこともあります。

靴下工場の見学は珍しいようで、海外の観光客から見学を申し込まれたこともありました。わざわざ通訳の人も連れてこられ、奈良の観光地巡りのついでだったようです。

このように工場見学で靴下作りを「知ってもらう」、お土産として靴下を渡し実際に「使ってもらう」、そして会社を「応援してもらう（＝靴下を買ってもらう）」という三つのステップを長年続けてきたこと――これが当社を生き残らせてきた地元密着経営なのです。

靴下王子の足元経営

・40年以上にわたって地元の小学生の工場見学を受け入れてきた
・靴下作りの繊細な作業を知り、ファンになってくれる人も
・見学者にお土産の靴下を渡して、新規購入につなげている

●農園を無料開放して地域とのつながりを作る

世界中の人が憧（あこが）れるスーパーカー「フェラーリ」。ここ数年、日本ではバブル期以上に売れているそうです。日本でも人気の高いフェラーリは、意外なほど小さな田舎町で作られています。フェラーリの本拠地マラネッロは、イタリアのエミリア＝ロマーニャ州モデナの郊外にあり、人口わずか1万7000人に過ぎません。

その土地に、フェラーリは多大な貢献をしています。たとえば、もともとフェラーリの社内教育機関だった施設が、今では現地の誰もが通える国立の学校になっています。

さらに、地元のモデナ大学にも研究費を投資しており、2012年には学部名がフェラーリの創業者の名前をとって「エンツォ・フェラーリ工学部」になるほど、地元との関係を深めています。その結果、地元の優秀な若者はこぞってフェラーリを目指すようになったそうです。

フェラーリにはとうてい及びませんが、当社も10年ほど前から会社が所有する土地を「貸し農園」として無料開放しています。もともと倉庫を建てる予定の土地でしたが、その必要がなくなり、荒れ果てさせるくらいなら……と区画整理して貸し出したのがきっかけでした。

現在、10組のご家族が利用されており、キュウリ、ナス、オクラ、トマト、スイカなどが作られています。利用している人たちの間で、活発なコミュニケーションも生まれているようです。

「なんとなく知っている」という無形のメリット

さて、工場見学や農園の無料開放などによって、**地域の人たちからなんとなく好感を持ってもらう活動には「無形のメリット」がある**と私は考えています。それはファンになってもらう、熱烈に応援してもらうというほどの感覚ではなく、もっとソフトなものです。

たとえば、自分の住んでいる家の近くに「何をやっているのかよく分からない工場」があったら、不安にならないでしょうか？　そういった状況を放置しておくと、ごく小さなきっかけで不信感が爆発し、大きなトラブルにつながりかねません。

たとえば、機械のトラブルでわずかな悪臭や騒音が一時的に発生してしまったとしましょう。これが日頃から地域と交流のある工場であれば、簡単に事情説明をするだけで納得してもらえる可能性が高くなります。

しかし、普段からまったく地域との交流がなく、完全なブラックボックス状態の工場で起きたとしたら……地域に住む人たちは疑心暗鬼になり、工場側の説明に聞く耳を持ってもらえない可能性もあります。

結果として、トラブルの解決には時間と費用がかかるでしょう。さらに、その後の操業や売上、採用にも影響するという、最悪の状況にもつながりかねないのです。

地域の影響を受けやすい中小企業こそ、地元との関係には細心の注意を払うべきだと思います。

靴下王子の足元経営

・地元は中小企業の足元であり、関係を良くする努力を惜しむべきではない
・地域との絆を深めるには、投資や土地の利用などさまざまな方法がある
・地元に住む人たちに「知ってもらう努力」はいざというときに役に立つ

●リピート客は最強

総務省統計局の「家計調査」(2023年) のデータによると、日本の2人以上世帯において1年間に11・2足の靴下が購入されているそうです。3人家族なら一人当たり年間4足ほど、4人家族だとすると一人年間3足の靴下を買っていることになります。

靴下が2年ほどで捨てられると仮定すると、一人当たり6~8足の靴下を持っていることになります。いろいろなメーカーの靴下が買われていると思いますが、誰でもその中に必ずお気に入りのものがあるでしょう。

このお気に入りのもの、つまりお客さまの快適につながる商品を作ることができれば、それがリピート購入につながります。当社はそれを一番に考えており、開発・試着に時間をかけています。

「ただの靴下」と「お客さまのことを考えている靴下」の差は大きいものです。

そして、それが分かる人に愛用してもらえること、ＯＥＭ先にまた発注してもらえることが、会社の存続に最も影響すると思います。

特に、**自社で販売サイトを持つようになってから、リピートの重要性を身に染みて感じる**ようになりました。自社販売サイトでは、購入のリピート率が正確に出るからです。当社では、およそ３人に１人の方がリピート購入されています。

また、口コミやレビューとして「もう10年、ここの靴下をはいてます」という声や「小学生から息子が使い始め、今も愛用しています。先日、無事に大学を卒業しました」という声もいただいています。これは本当にありがたいことです。

流行よりも、はき心地の良さで自分の定番を選ぶ……靴下はそういう性質の商品です。服は流行や体型の変化に合わせて買うものが変わりますが、一度お気に入りが見つかったら、それをずっと買い続けていただけるのが靴下なのです。

全責任を持って品質を保証する

だからこそ、製品の品質には全責任を負う覚悟が必要です。そのため自社で販売する子どものスポーツ用靴下は、1か月以内に穴が開いたら新品と交換としています。また、女性用靴下は購入して気に入らなかったら、10日以内に返品を受けつけています。

これはOEM先に関係するトラブルの事例ですが、あるとき機械の不具合で編み方に問題が生じ、設計通りの伸び率にならずにはきにくい靴下を作ってしまったことがあります。検査もすり抜けて店頭に並んでしまいましたが、全品回収して夜通し再生産し、最短の納期でまた並べさせていただきました。

靴下の繊維は温度や湿度によって、どうしても誤差が生じてしまうものです。しかし、そこから**逃げずに対応していけば、経験を積んで対策できるようになります**。その積み重ねこそ、リピートを生み出す力になるのだと私は思います。

靴下王子の足元経営

・消耗品の靴下だからこそ、リピート購入が企業の生命線
・はけば分かる商品だからこそ、お客さまのことを考えて懸命に作る
・リピートされるために品質には全責任を負い、トラブルから逃げない

●昔から日本にある知恵・資産を活用する

２０２６年以降、いよいよ月を周回する宇宙ステーションの建設計画が、ＮＡＳＡ（アメリカ航空宇宙局）の主導で始まります。ＪＡＸＡ（宇宙航空研究開発機構）のホームページによれば、４名の宇宙飛行士が年間30日程度活動し、月面探査や火星探査を行う拠点となる予定だそうです。

この月を周回する宇宙ステーションが完成すれば、月面基地建設や火星探査がいよいよ現実的なものになるでしょう。現在のＮＡＳＡの計画では、２０３０年代に月面基地を作り、２０４０年代に火星に人を送り込むことが検討されています。

さて、そうなると人類は本格的に長期間、宇宙に滞在することになります。さまざまな課題があると思いますが、その一つに「足元のムレ」があると私は考えています。

当たり前ですが、宇宙服や宇宙ステーションは完全な密閉空間です。湿気の逃げ場がないため、おそらく足にとっては相当ハードな環境だと思われます。この問題を解決するヒントが、昔の日本の知恵にあるかもしれません。

山崎直子さんは宇宙に和紙の靴下をはいていった

事実、2010年にスペースシャトル・ディスカバリー号に搭乗した宇宙飛行士・山崎直子さんは、和紙を織り込んだ特殊な靴下をはいていました。和紙を織り込んだ靴下は固くてはきにくいと思われるかもしれませんが、他の繊維を混ぜる工夫により、その問題は解決できます。

和紙は水分を吸収・放出する機能が非常に優れており、夏涼しく、冬暖かく、宇宙でも快適なのです。私の夢は、月面基地で使われる靴下を作ることです。和紙が生まれた国・日本のメーカーとして、ぜひ実現したいと思います。

科学の進歩と同時に靴下も日々進化しています。毛糸や綿で編まれていたかつての商品を「靴下1・0」と呼ぶならば、さまざまな化学繊維を使う現在の靴下は「靴下２・０」と呼べるでしょう。はくだけで足が温かくなったり、抗菌加工で臭いを防げたり……。このように、靴下は今も進化し続けています。

私は、「ドラえもん」が生まれた22世紀の未来に向けて、「靴下３・０」と呼ばれるような製品を作りたいと思っています。女性の冷えの解消、ムレない通気性、夏涼しく・冬暖かい温度調整機能など、はけばはくほど健康になる靴下を開発したいのです。

そして、その**ヒントは昔から日本にあるさまざまな知恵や資産の中にある**かもしれません。つまり、私たちの足元には素晴らしい宝物が眠っているかもしれないのです。

靴下王子の足元経営

・宇宙飛行には日本古来の素材である「和紙」も活用されている
・未来を開く技術のヒントは過去の日本の知恵や資産にも存在する
・靴下には、これからまだまだ進化していく可能性がある

●「日本製靴下」と「海外製靴下」は何が違うのか？

多くの人の生活に欠かせない存在になった100円ショップ。2023年度には、この100均市場が1兆円を突破したそうです（2024年5月15日帝国データバンク発表「100円ショップ」業界調査〈2023年度〉より）。

そんな100円ショップのほとんどの商品には、「Made in China」や「Made in Vietnam」と書かれています。まさに海外製商品は身の回りに溢れていると言えるでしょう。

しかし、そんな時代に当社は日本製にこだわって靴下作りを続けています。そもそも、日本製と海外製の靴下は何が違うのでしょうか？

違いの一つは、**日本製の靴下が「お客さまのニーズに対応して時間をかけて企画・開発されたもの」**であること。**海外製の靴下は、基本的に「流行に合わせて素早く作られたもの」**なのです。

もちろん、日本で長い時間をかけて企画し、海外の信頼できる工場で生産している製品もあるので一概には言えません。しかし、基本的な傾向としては間違っていないと思います。

もう一つの大きな違いが「価格」です。人件費がいくら違うと言っても、原材料費などのコストはそれほど変わりません。ですから、3足1000円の海外製靴下と、1足1000円の日本製靴下では全体のコスト（原価）が違います。

要するに、**「安い糸で大量に作る」のが海外製、「高い糸で少量作る」のが日本製**と言えるでしょう。ただ、10年前はともかく、今では海外と日本の生産技術の差は縮まっていますし、日本製もさらに工夫していかなければなりません。

はいてみれば実感する日本製と海外製の違い

さて、「企画や開発に長い時間をかける」「高い糸を使う」といった違いが、どのように製品に反映されるのでしょうか？　実は、はき比べていただければすぐに分かります。日本製の靴下は海外製の靴下に比べて、足やふくらはぎをしっかりと包み込み、最適な圧力で締め付けてくれるため、ずり落ちることがほとんどないのです。

もし、最初のフィット（着用）感に違いがあまりなくても、**一度でも洗濯していただければ違いは明白**です。日本製は何度洗ってもはき心地が変わりません。一方、海外製の商品は数回洗濯すると伸びてしまい、フィット感がかなり落ちてしまうのです。

日中、何度も靴下がずり落ちてしまい、イライラしたことはないでしょうか？また、歩いているうちに靴下が回転して足に痛みやストレスを感じるなども、海外製の靴下によくあるケースです。

このような違いから、当社の靴下を初めてはいた方から「1日はいた後の疲れが全然違う」と言われることがよくあります。当社の靴下をプレゼントされた方が、自宅にあった海外製の靴下を全部捨ててしまったということもありました。

「いい仕事をするためにいい靴を履け」「いい靴はいい場所に連れていってくれる」といった言葉はありますが、「いい靴下をはけ」という話はあまり聞いたことがありません。ほとんどの人は靴下なんてどうでもいい、どこの国で作られたものでも変わらないと思っています。

しかし、一度は日本製の靴下をはいてみてください。その違いにきっと驚かれるはずです。

靴下王子の足元経営

・日本製の靴下は海外製のものよりも「時間とコスト」をかけている
・日本製と海外製の靴下の違いは、はき心地の違い
・はき心地に差が感じられなくても、洗濯後の「伸び具合」で分かる

●社員がイキイキしている会社が愛されないわけがない

最近、「退職代行会社」という社員が退職するときの手続きを代行するサービス会社が話題です。試しにネットで検索すると、10社以上の退職代行会社がヒットしました。

それにしても、会社を辞める手続きすら代行してもらわなければならないとは、かなり深刻なコミュニケーション不全でしょう。想像ですが、**言いたいことも言えず、やりたいこともやれない……少なくとも社員側からそう思われている会社が多い**、ということなのかもしれません。

おかげさまで、今のところ当社には退職代行会社のお世話になった事例はありません。逆に、パートで働きにきてくださっていた方が退職する際、わざわざ自分の友達を連れてきてくれたことがありました。大切なお友達を紹介してもよいと思っていただけたのですから、本当にありがたいことです。

また、取引先の会社の社長が紹介してくださった方を採用したこともあります。これも取引先の社長に当社を信頼していただけた、ということでしょう。そういう会社の空気は、これからも大切にしていきたいと思います。

働く人の想いを大切にする

私が尊敬している経営者の一人に、株式会社オールドギア代表取締役の分部光治さんという方がいます。彼は普段は明るく、とにかく面白い人です。いるだけで場を盛り上げてくれ、イタリア旅行に行ったときには「もっとイタリアに居てくれよ！」と現地の人に言われたほど。控えめな人が多い日本人には珍しいタイプです。

そんな彼は、仕事になると一変して集中力の塊のような顔を見せます。そのビジネスに対する真剣な姿勢には本当に学ばせていただきました。おそらくその集中力は、自分のビジネスが好きでたまらない、という気持ちからきているのでしょう。

私は当社の社員にも、彼の集中して仕事に取り組む姿勢を見習ってほしいと思っています。そのために必要なのは、イキイキと仕事に取り組める環境でしょう。そこで、**社員がイキイキと仕事に取り組めるよう、社員がやりたいことを尊重し応援する**ように心がけています。

たとえば、あるメーカーの特殊な機械を使って新しい靴下を作りたいという提案をした社員には、その機械を作っている機械メーカーまで研修に行かせました。靴下の中でも最上級に製造が難しい、ある特殊な織り方をする靴下作りに挑戦したいという若手社員には、それができる先輩社員に習わせました。

社長の言うがままに仕事をする……という社員が多い中小企業で、何かをやりたいと積極的に手を挙げる社員は少ないものです。そういう社員は貴重であり、応援するようにしています。

それが会社全体として、やりたいことをやらせてもらえる、意見や提案を取り入れてもらえるという空気を作ることにつながると思います。その結果として、イキイキと働ける、やりがいのある職場が出来上がるのではないでしょうか?

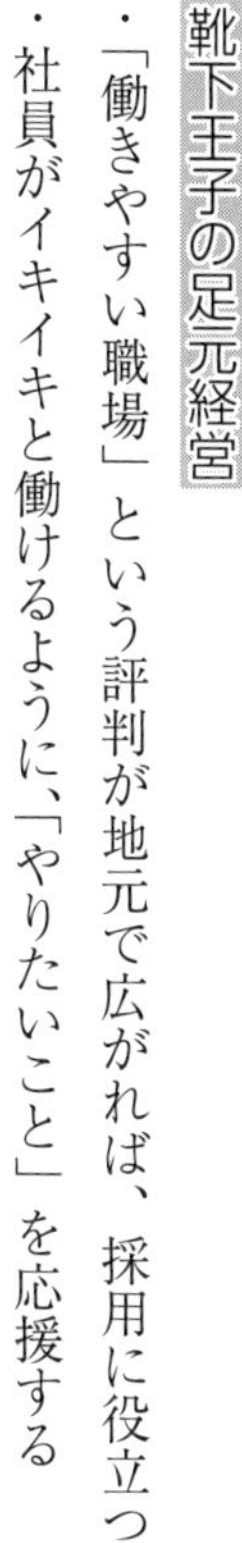

靴下王子の足元経営

- 「働きやすい職場」という評判が地元で広がれば、採用に役立つ
- 社員がイキイキと働けるように、「やりたいこと」を応援する
- 良い職場には、意見や提案を受け入れてもらえる空気がある

●地域とともに発展するという覚悟

東京で参加している異業種交流会などでよく聞かれるのですが、当社は東京や海外に拠点を置くつもりはありません。これからも奈良で生まれ育った者として、奈良の会社であり続け、奈良に貢献したいと考えているからです。

たとえば、理想とする姿はテレビ通販で全国的な知名度を誇る「ジャパネットたかた」です。同社は株式会社ジャパネットホールディングスの傘下にありジャパネットグループ全体で2500億円を超える売上高を誇ります。しかし、現在も長崎県佐世保市に本社を置き、長崎県において大きな雇用と税収を創出しています。

そして、さまざまな文化・芸術活動を支援しているだけでなく、JリーグのV・ファーレン長崎やプロバスケットボール・Bリーグの長崎ヴェルカのスポンサーとなっています。まさに長崎に多大な貢献をしている企業と言えるでしょう。

ジャパネットたかたは長崎を本拠地として、「テレビ通販」という新しい手法で全国レベルの発展をしてきました。**インターネットやSNSが発展した現代は、地方にいながらさらに十分戦える時代**だと思います。

このように、地元で会社を維持・発展させることは地域経済にとても良い影響があるでしょう。これからの当社は靴下だけでなく、ナマズの養殖事業も拡大していきます。そうして地域の雇用を支え、さらに奈良を発展させていきたいと考えています。

東京や海外でしか得られないものはある

ただ、当社と同じ地方の中小企業の方に訴えたいことがあります。それは、**どうしても奈良をはじめとする地方にいては、分からないこともある**ということです。

特に時代の流れ、これからの世の中の動きのようなものは、東京や海外の大都市のように人と情報が集まる場所に飛び込んでみなければ、実感としてつかめないと思います。

ですから、私は奈良でやるべきことはあるけれども、これからも必要なときには社長として東京や海外に行きます。そして、そこでしか得られない情報を積極的に集め、それを奈良に持ってくるイメージを描いています。

これは企業として時代の変化を乗りこなすためには欠かせないことであり、社長にしかできない仕事だと思います。ぜひ、地元を大切に思う経営者の方こそ、東京や海外を積極的に訪れてみてください。きっと次に打つべき手のヒントが見つかるはずです。

靴下王子の足元経営

・生まれ育った地元で受けた恩は地元に返す
・インターネットが発達した現在、地方でもさまざまな勝ち筋がある
・東京や海外を積極的に訪れ、地元に情報を持ち帰るのは社長の役割

第6章 社長は 何のために事業を進めるのか

●「進化する企業」と「停滞する企業」は何が違うのか？

先日、知人から中学校の同窓会に参加した話を聞きました。面白かったのは先生だけ外見が変わっておらず、生徒たちはみんな年相応になって、誰が誰だか分かりにくかったということです。もちろん、話を始めたらすぐに昔を思い出し、それぞれの顔が一致したということでした。

さて、この話から私は「進化する企業」と「停滞する企業」の違いを連想しました。たとえば、小学校や中学校、高校や大学時代の友人と久しぶりに会って、昔より話が合わないな……と感じたことがある人は少なくないでしょう。

それは人間が少しずつ成長し、変化しているからです。友人たちと話が合わなくなるのは、一緒に過ごした時間が過去のことであり、卒業以降は変化や成長をともにすることがないからなのです。

このことは企業のつながりにも当てはまるように思います。**「進化する企業」は**

成長し、変化することで、これまで関係したこともないような会社と付き合い始めます。そして、その刺激によってまた大きく成長し、変化していくのです。

一方、成長も変化もしない会社は、同じような会社とずっと付き合い続けます。これが、いわゆる「停滞する企業」の特長です。

つまり、会社は何もしなければ停滞するので、自分たちから変化を求めていかなければなりません。そして、このような会社の変化や成長を仕掛けることができるのは、社長だけなのです。

ナマズ養殖に手を出さなかったかも

私も社長になったばかりの頃はずっと奈良にいて、靴下関係の人・会社としか付き合いがありませんでした。「異業種の人たちと交流して何の意味があるの？」と本気で考える典型的な「守るだけ」の後継社長だったのです。

しかし、あるご縁で2020年に「コーポレートコネクションズ（以下、CC）」という異業種交流会に参加することができました。「ギバーズゲイン」をモットーとするCCに参加し、積極的にいろいろな人と交流しました。そして、自分ができることで他の人を助け、自分も助けてもらう経験を繰り返したことで成長し、変化することができたと思います。

特に、**異業種の経営者同士だからこそ気兼ねなく話ができる、というのは大きなメリット**だったと思います。CCに入っていなければ本書を出そうとは考えなかったでしょうし、ナマズ養殖の事業をやろうとも思わなかったでしょう。

靴下王子の足元経営

・停滞する企業は「同じ人」「同じ企業」とだけ付き合っている
・進化する企業は少しずつ変化し、成長している
・会社に変化を起こすため、経営者は積極的に異業種と交流すべき

コーポレートコネクションズのメンバーとイギリスで

●スポーツと靴下の密接な関係

「足に合わない靴」をはいているとスポーツで実力を発揮できないことは、誰でも簡単にイメージできると思います。しかし、トップアスリートになると靴だけでなく、靴下も重視します。なぜなら、靴下には運動時のパフォーマンスを向上させてくれるものもあるからです。

２０００年代にアメリカのメジャーリーグで活躍し、「ゴジラ松井」と呼ばれた松井秀喜さんは5本指の靴下を愛用していました。実は**彼が使い始めるまで、5本指の靴下は水虫のある人が使用するというイメージの靴下だった**のです。

しかし、ゴジラ松井が愛用し、普通の靴下よりもしっかりと地面を捉えることができる、疲労が軽減される、足の指の間の汗を吸い取ってくれるのでベタつかない……といった効果が広く知られるようになりました。その結果、野球の世界で5本指の靴下は当たり前になったのです。

そして、その波がサッカー界にも広まったのです。基本的に、プロサッカー選手は所属チームが配布するスポンサー・ブランドの靴下をはかなければなりません。しかし、5本指の靴下にこだわる選手たちは、くるぶしのところで靴下を切り、スポンサー・ブランドの靴下とつなぎ合わせてはいているのです。

そして、この切れ目は足首にテーピングすることで隠しています。そんな理由から、この有名選手がはいている有名ブランド靴下の見えない部分は当社の製品かもしれない……そんなことを考えながら、私はサッカー中継を見たりしているのです。

靴下王子の足元経営

・靴下が持っているさまざまな機能は、まだまだ知られていない
・スポーツのパフォーマンスは靴下選びでも左右される
・有名選手の足元を支えているのは、文字通り靴下である

●健康のために靴下をはこう

俳優の石田純一さんが「不倫は文化だ」という発言で炎上したのは、今から30年近く前の1996年だそうです。そんな彼が流行らせたのが、「素足で靴を履く」というスタイルでした。

しかし、足は一日に200ml（コップ1杯分）の汗をかくと言われています。ですから、素足で靴を履くスタイルは臭いの面でも、靴が傷むという面からも問題が多発します。

そこで「靴に隠れて見えない靴下（フットカバー）」が生まれ、それが現在も流行しています。ただ、**健康の面を考えると「くるぶし」まで覆う靴下をはくことがおすすめ**です。

なぜなら、「くるぶし」からの「冷え」が体調不良をもたらすためです。冷え性の人は、特にくるぶしまで覆う靴下をはいてください。夏場にサンダルなどで靴下をはかないと、エアコンがよく効いている場所で働いている人は、体がどんどん冷えていきます。

しっかり靴下をはいていると、体全体が温まり体調が良くなります。生理不順が軽くなった、というお客さまもいらっしゃいますから、ぜひ靴下を一年中愛用していただきたいと思います。

「冷え」は万病のもととされ、「頭寒足熱」（頭は熱くなりやすいので冷やし、足は冷えやすいので温めることが健康の秘訣という意味）ということわざもあるくらいです。

また、「首・手首・足首」を温めると風邪をひかないとも言われてきました。特に、中医学（中国の古来から伝わる伝統医療）では「内くるぶし」から指の幅4本ほど上のところに「三陰交」という大事なツボがあるとされており、夏場でもこのツボが隠れる靴下をはいて体調を整えるといいます。

70万部以上売れたベストセラー『体温を上げると健康になる』（齋藤 真嗣・著 サンマーク出版）では、体温が1度下がると免疫力が30％低下するため体温を上げることを心がけましょう、と書かれています。

冷えを撃退してくれる靴下の工夫

最近の靴下には、遠赤外線を出して体を温めてくれる繊維が使われているものがあります。また、魔法瓶のように空気の層を作って生地の保温性を高めた特殊な織り方をしたものもあります。

年を重ねるほど若いときより体が冷えやすくなりますし、更年期の予防にもなりますから、**ぜひ靴下をはいて体をケアしていただきたい**と思います。事実、私は一年中くるぶしまでしっかり覆う靴下をはいています。おかげで風邪をひいたことがありません。

夏は暑さもさることながら冷房が効いた場所にいるのもきついという、冷え症の方にとってつらい季節です。そこで当社では25ページで触れたつま先がなく、指に仕切りを設けた「オープントゥソックス」を開発・販売しています。

これはつま先がない5本指の靴下で、つま先がないので涼しいにもかかわらず、足の指の仕切りが指の間の汗を吸ってくれる商品です。もちろん、くるぶしまでしっかりカバーしてくれます。

指が出ているのでサンダルに合わせてもおしゃれですし、就寝時に使うのもおすすめです。布団をかぶっても、つま先がオープンになったこの靴下なら暑くありません。夏場のエアコンに悩んでいる女性は、ぜひお試しください。

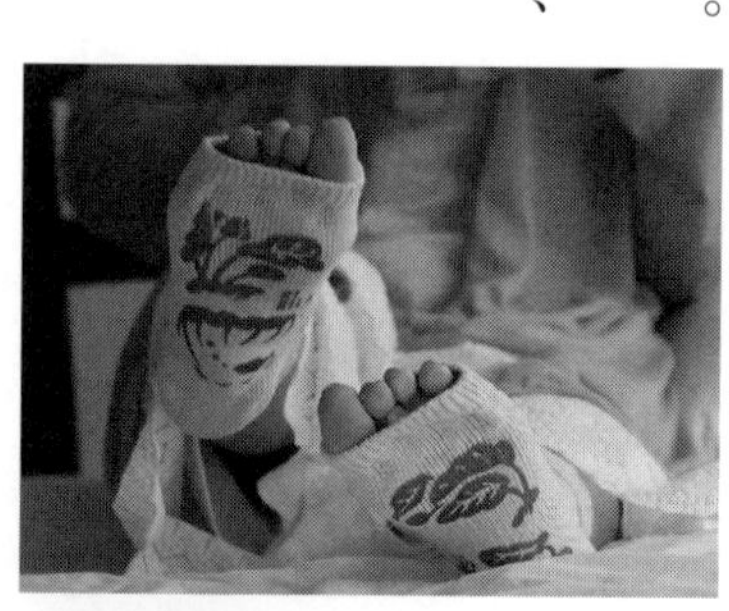

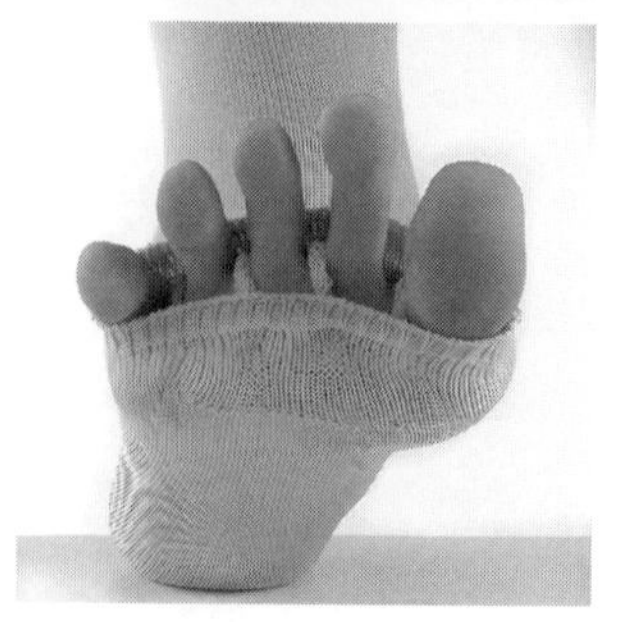

靴下王子の足元経営

- 冷え性の人は「くるぶし」をカバーする靴下をはいた方が良い
- 体を温めるためのさまざまな工夫をした靴下が発売されている
- 特に夏場はエアコンによる冷えの恐れがあるため、靴下は必須

●足だけではなく、心まで温めた靴下

２０２４年1月1日16時10分、元日の日本を突然の衝撃が襲いました。「令和６年能登半島地震」です。関東での揺れはあまり大きくなかったようですが、奈良県ではかなりの揺れ（震度４）を感じました。

奈良を含む関西圏は、能登半島と距離的にかなり近い感覚があります。東京に住む人にとっては、だいたい伊豆半島くらいのイメージでしょうか。これは相当な被害が出ると感じ、テレビなどで状況を把握して、すぐに救援物資を送ることを決めました。

当社が用意したのは、自社製品の「靴下」「レッグウォーマー」「腹巻き」などをダンボールで20ケース。1ケースに３００の製品を入れたので、およそ６０００人分でした。

今回の地震でも、日本中の企業が支援活動を行いました。カップラーメン、携

帯カイロ、衣類など、それぞれのメーカーが自社製品を送ったと聞いています。そんなさまざまな救援物資がある中で、意外にも「靴下が非常に喜ばれた」というお話を後日伺いました。

洗濯できない環境で使い捨ててもいい

停電が発生し、凍えるような寒さの中で暖房もないところに避難する人たちに、テレビでは繰り返し「低体温症に注意してください！」と呼びかけていました。停電と断水で洗濯もできませんから、当社の靴下は使い捨てにしてもらっていい、と思っていました。とにかく靴下で少しでも足を温めてもらえたらと、祈る気持ちでした。

そんな中、底冷えのする体育館で**避難生活を送る方々が「これ（当社の靴下）が一番うれしかった」と言ってくださった**らしいのです。それを聞いて、私は涙が出る思いでした。このときほど靴下作りをしてきて良かった……と思ったことはありません。

改めて令和６年能登半島地震で被災された皆さまに心からお見舞い申し上げます。本書を書いている９月にも能登半島の方々は大雨で大きな被害を受けました。一日も早く日常の生活に戻れることを祈りながら、これからも靴下作りを通じて現地を支えてまいりたいと思います。

靴下王子の足元経営

- 自然災害の被災地支援は企業として当然の社会貢献
- 被災地では自社製品が思いがけず喜ばれることもある
- 被災された方たちの喜びや感謝の声ほど、うれしいものはない

●ナマズビジネスでは創業者の立場

「経営の神様」と呼ばれた松下幸之助翁は、松下電気器具製作所（現・パナソニックホールディングス）を創業した当時、大変な苦労をされたそうです。はじめに開発・販売した改良ソケット（電線の先にとりつけ電球をねじこむための器具）はまったく売れず、独立前に用意した資金も底をつき、創業に参加してくれた社員4名のうち2名が退職してしまったのです。

当時、幸之助翁夫人がお金を借りるために何度も通っていた質屋の通帳が現在も残っています。また、銭湯に行くお金もなかったので、夫人は夫の幸之助翁が風呂に行こうとすると、話題をそらして風呂のことを忘れさせたというエピソードもあるくらいです。

このように、**会社を起業した創業者の苦労というのは大変なもの**です。無から有を作り出す、ゼロをイチにする、ヒト・モノ・カネ・ノウハウのどれもないのにビジネスを始めなければならないのですから、そこには当然無数の障壁があるわけです。すでに会社が軌道に乗っている2代目、３代目の後継者とはまったく環境が異なるのです。

そう簡単にいかないが

私の場合、ナマズ養殖について言えば、これくらいの投資でこれくらいのリターンがあるだろうという「靴下メーカーの3代目経営者」としての予測は、見事に外れました。創業というのは、そう簡単にうまくいくものではなかったのです。

これまでも会社として、経験のない不動産事業に取り組んだ時期はありました。しかし、人を採用し、世の中に貢献するという意味でのビジネスはナマズビジネスが初めてです。

私にとってこれは非常に大きな挑戦ですが、すでに3代目経営者ではなく、創業者の意識に切り替えることができました。まずは２０２５年の初出荷（計画では１０００匹）を実現し、皆さんにナマズをお届けしたいと思っています。

ちなみに、冒頭の松下幸之助翁の危機を救ったのは、たまたま依頼された「扇風機の部品」の受注でした。受注したのは年の瀬といいますから、おそらく12月中旬を過ぎていたでしょう。

そこに「年末までに納品」という過酷な注文でしたが、松下幸之助翁は見事にやり遂げ、一息つけるだけの資金を手に入れたのです。そこから改めて電気器具の開発・販売を進め、現在のパナソニックを築いたのです。

おそらく当社のナマズビジネスにも、大きなピンチが何度も訪れるでしょう。しかし、それを乗り越えたときに飛躍するチャンスが来ると思っています。

靴下王子の足元経営

・創業者と後継者では苦労のレベルや内容がまったく違う
・創業者には「ヒト・モノ・カネ・ノウハウ」のすべてがない
・創業時のピンチを乗り越えたとき、飛躍のチャンスがやってくる

●温かい気持ちを持つ仲間を迎えたい

日本ニット株式会社では、これまで一般的な就活サイトを利用して採用を行ってきました。しかし、**最近の若い人たちの反応を見ていると、もっと会社の独自色を打ち出した採用をした方が良いのではないか**……と思っています。

たとえば、この２年ほどの間にナマズの養殖ビジネスを告知するＳＮＳを通じて、社員を２名も採用することができました。二人が応募してくれた理由は「世の中のためになる面白いことをやっている会社だと感じました」ということで、あくまでナマズは当社を知るきっかけに過ぎず、靴下工場での勤務希望だったのです。

他にも、当社では「足の冷え」に悩む人のための靴下も多数作っているので、「足の冷たい人募集中！」というキャッチコピーで人材募集することも考えています。

感謝しながらの「ものづくり」

なぜ、会社の独自色を打ち出した採用を増やしたいのか？　それは、社会に対して温かい気持ちを持ち、一緒に働く仲間にも温かい気持ちを持ってくれる人を採用したいからです。

私はそういう人たちが働く会社は世の中を温かくし、そういう人たちが作った靴下は暖かいと思っています。反対に、ズルをして儲けようという気持ちから作った靴下や、誰かを泣かせて作った靴下は、どこか冷たい感じがすると思うのです。

心を込めて作ったものと、売上のためだけに作ったものの違いを、お客さまは敏感に感じ取れるのではないでしょうか？　それは、お母さんが子どものことを考えて一生懸命に作った料理と、機械的に作られたインスタントな料理の違いのようなものだと思います。

また、「ひどい労働環境で働く人」と「人間らしい労働環境で働く人」が同じ糸や機械を使っても、どこか違う製品ができるものです。ですから私は、誰もが働きやすい職場を作り、世の中に喜ばれる靴下を作りたい、喜ばれることが楽しみだ、仕事の能力をもっと伸ばしたい、と考える人たちと仕事をしたいと思います。
靴下作りは一人ではできません。たくさんの工程を経て、それぞれが協力し合い、感謝しながらの「ものづくり」です。だからこそ商売っ気がなく、口数も少ない奈良県人は靴下作りに向いているのかもしれません。

靴下王子の足元経営

- 他の人に対する思いやりの気持ちを持つ人と働きたい
- お客さまは作った人が靴下に込めた気持ちを敏感に感じ取る
- お互いが協力し、感謝し合わなければ良い靴下は作れない

●この世に生まれてきた役割を知る

フランスの国民的英雄、ジャンヌ・ダルク。映画や小説、漫画やゲームなどにたびたび取り上げられる彼女の名前を、どこかで聞いたことがある人は多いのではないでしょうか？　彼女は14～15世紀にイギリスとフランスの間で行われた百年戦争で活躍した人物です。

ごく普通の農家の娘だった彼女はある日、「フランスを救いなさい」という天使の言葉を聞いたと言います。そして彼女は当時のフランス王太子に謁見し、百年戦争に従軍。ついにイギリス軍を打ち破りました。つまり、彼女は「この世に生まれてきた役割」を神の使いから伝えられたわけです。

さて、私の場合はそんな神のお告げのようなものもなく、祖父の代から靴下一家で育ってきました。その環境のおかげで靴下作りが自分の使命だと思って長年やってきたのです。そして、さまざまな喜びを見出すことができました。

しかし、そろそろ人生の折り返し地点に差し掛かり、最終的な役割が見えてきたような気がします。その背景には**靴下作りでお客さまに喜んでほしいということだけでなく、私たちが暮らす日本を守りたい**、という思いがありました。

今、日本は海外諸国の経済的発展に押されつつあります。その結果、さまざまな優位性が崩れ、将来的には食料の輸入も難しくなるかもしれません。ですから、日本に存在する大切な文化や日本の子どもたちの未来を守るためには、まず食料を確保することが大切だと思います。

そのために、ナマズ養殖を手がけることで少しでも日本の食を守り、プロテイン・クライシスという危機を乗り越える一助になりたいと考えました。つまり、これからの私の役割は靴下作りでお客さまを喜ばせつつ、日本の食を守るというものだと考えたのです。

目標は大きいほど人に話した方が良い

こんな途方もないことを公言する理由は、尊敬する経営者の一人である株式会社ＤＩＧＷＯＲＫＳ22代表取締役社長、川北浩之さんの影響です。彼に初めて会ったとき、息子の受験を控えていた私は世間話の延長で、「息子が東大に合格してほしいと思ってます」と言いました。

すると、彼にいきなり「おめでとうございます」と言われたのです。まだ合格どころか受験もしていないのに、この人はいったい何を言ってるんだ……という顔を私はしていたのでしょう。彼は次のように説明してくれました。

実は、彼の言葉は日本人が古くから行ってきた「予祝」という風習だったのです。夢が叶ったことを事前に喜び、先に祝うことで現実化させる祈りのようなものだそうです。たしかに、これを「前祝い」と言えば辞書にも出てくるくらい一般的な習慣でしょう。

私はこのときから、自分の目標を隠すことなく人に伝えるようになりました。ビジネスというのは、基本的に自分以外に賛同してくれる人、共感してくれる人がいなければ始まりません。つまり、さまざまな目標を自分の中だけにとどめておくのではなく、どんどん周りに伝え、共感してもらうことで実現に近づくのです。

以前は内側にこもるタイプだった私が、ＳＮＳで「ナマズくん」というイメージキャラクターまで作って配信をしているのも、この**「目標は積極的に世界に発信した方が実現する」**という考えからです。長年、大きな話をするのは恥ずかしい、どうやればいいのか見当もつかないことを言うのは恥ずかしいと思っていましたが、今はそれが物事を実現させる近道だと考えています。

靴下王子の足元経営

・この世に生まれてきた役割に従って生きることは幸福である
・人生経験を積むことで、新たな天命を知ることもある
・とてつもない目標であっても、公言することで実現は近づく

●靴下をはける幸せを届けたい

世界で初めて「飛行機」を飛ばしたのがライト兄弟というのは有名です。しかし、世界で初めて「靴下編み機」を開発したイギリス人のウィリアム・リーを知っている方はかなり少ないでしょう。

日本靴下協会が発行した『THE BOOK OF SOCKS AND STOCKINGS』によると、もともと聖職者だったウィリアム・リーは、愛する妻と結婚するために聖職者の地位を捨てなければなりませんでした。

そして、妻は無職になった彼との生活を支えるために、靴下を手編みする内職をしていたのです。彼女の大変な作業を見ていたウィリアム・リーは、その作業を自動化する機械を発明したのでした。

靴下はファッションだけでなく、健康面やスポーツのパフォーマンス・アップなど、はく人の困り事を解決していくものです。靴下を手編みするというつらい作業から妻を解放したウィリアム・リーに倣って、今後も私はさまざまなお客さまの困り事を解決するビジネスに取り組んでいくつもりです。

世界には貧しくて靴下を買えない、もしくはボロボロの靴下しかはけない国があります。一方、日本では靴下に穴が開いたら捨てることが当たり前になっています。地球全体の環境面から考えたとき、日本のような靴下を使い捨てにする文化は変えていくべきでしょう。

だから**当社は、より環境負荷の少ない靴下を作っていきたい**と考えています。実は「破れない子ども用スポーツ靴下」を作ったときも、同業者から「そんなものを作ったら買い替え頻度が下がって、売上も減ってしまうじゃないか」と言われました。

しかし、長く使ってもらえる靴下の方が価値は高く、結局リピート率もアップするでしょう。すぐ穴が開くものをまた買おうと思う人はいませんし、いいものはいい、と認めてもらえるのが靴下の世界なのです。

だからこそ、当社は国産にこだわり、高品質で長寿命な安心して使っていただける靴下を、これからも作り続けていこうと思います。

靴下王子の足元経営

- 靴下編み機を発明したウィリアム・リーは妻の苦労を解消した
- 靴下作りの目的は、はく人の困り事を解決すること
- 「環境に対する負荷を下げること」はすべての企業のテーマになる

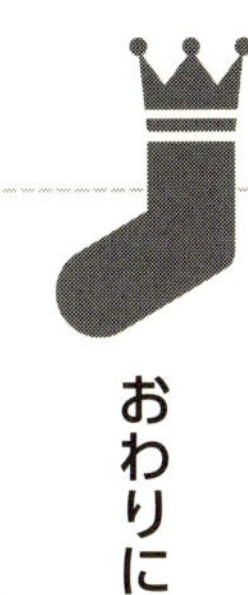

おわりに

ここまでお読みいただき、誠にありがとうございました。

この本で最もお伝えしたかったことは、「中小企業の経営には足元を見直すことが大切」ということです。乱高下する為替や先の見通せない国際的緊張、国内の少子高齢化や格差の拡大など、多くの中小企業はさまざまな悩みを抱えています。

しかし、それらの悩みに振り回される前に、自社の足元（強み・利益の基盤・価値観・人材など）をしっかりと見つめ直すことが大切です。その足元を固めていくことで、次の一歩を踏み出すことができると思います。

同時に、3代目社長として事業承継で大切なことや後継社長が考えるべき新規事業への取り組みについてもご紹介させていただきました。2代目、3代目社長が先代社長と争うことは、誰も幸せにしません。双方が歩み寄り、自社とお客さまにとって最も良い方向性を見出すことが重要だと思います。

さらに、後継社長が先代社長の路線を受け継いだ後、守りばかり固めるのも会社の将来を逆に不安定にしてしまいます。後継社長は世の中の情報を積極的に取りに行き、創業社長にはない「資金・ノウハウ・人的資源」を活用して、未来の会社を支える次の柱を作り出していくべきでしょう。

会社の空気を変え、新しい未来像を描いて社員に伝えられるのは、社長しかいません。ぜひ、中小企業の経営者の方には、積極的に自分の構想を公言していただきたいと思います。そうすることで、必ず賛同者や共感する人が現れ、応援されるはずです。

筆をおくにあたり、日頃からお世話になっている皆さま、さまざまな刺激をくださる「コーポレートコネクションズ」の皆さま、そして本書を読んでくださった皆さまに心より御礼申し上げます。

２０２４年９月吉日

日本ニット株式会社
代表取締役　里井謙一

著者紹介

里井謙一（さとい けんいち）

1974年奈良県生まれ。

龍谷大学経済学部卒業後、3年間地方銀行で勤務。

2000年に父・里井弘滋が社長を務める日本ニット株式会社に入社する。

製造現場で靴下作りや新商品開発を担当し、
2013年代表取締役社長に就任。

国内生産にこだわり高品質の靴下を作りながら、ナマズ養殖の新規事業に果敢に取り組んでいる。

Instagram　ナマズくん

出版プロデュース：株式会社天才工場 吉田浩
編集協力：中村実（編集企画シーエーティー）、関 和幸
装丁・本文デザイン・DTP：デザインルーム ナークツイン
本文写真提供：里井謙一

国内生産をつらぬく老舗メーカー3代目の
強い会社を作る「足元経営」

2024年11月26日　第1刷発行

著　者　里井謙一
発行者　林　定昭
発行所　アルソス株式会社
〒203-0013
東京都東久留米市新川町2-8-16
電話　042-420-5812（代表）
https://alsos.co.jp
印刷所　株式会社 光邦

ISBN 978-4-910512-17-4 C0034